LE LIVRE

DES ABEILLES

BESANÇON

IMPRIMERIE ET LITHOGRAPHIE DE PAUL JACQUIN

LE
LIVRE DES ABEILLES

OU

MANUEL D'APICULTURE

PAR

M. L'ABBÉ BOISSY

CHANOINE HONORAIRE DE MONTAUBAN

CURÉ-DOYEN DE MONTBOZON

QUATRIÈME ÉDITION

Quasi apis argumentosa Domino deserviamus.

Comme l'abeille industrieuse et diligente, servons le Seigneur.

(*Liturg. rom.*)

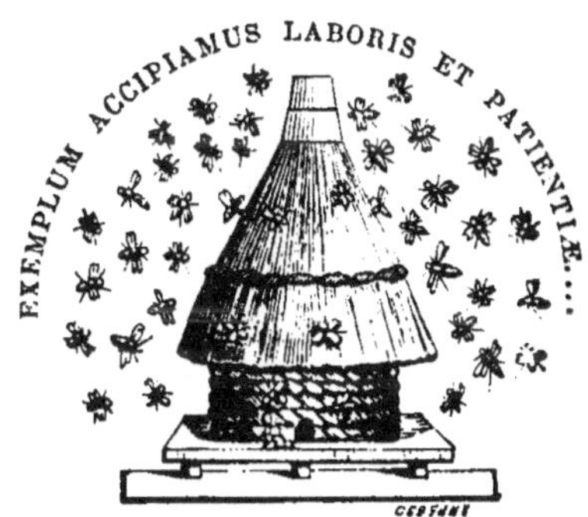

PARIS

LIBRAIRIE AGRICOLE DE LA MAISON RUSTIQUE

26, rue Jacob, 26

MONTBOZON (Haute-Saône)

MDCCCLXXXV

NOTE DE L'ÉDITEUR

L'auteur a bien voulu nous donner connaissance de quelques-unes des centaines et centaines de lettres reçues de personnages compétents, relativement au *Livre des Abeilles*. On y trouve les félicitations les plus chaleureuses et les plus unanimes. Nous voulions en citer quelques-unes au hasard ; mais à quoi bon ? L'ouvrage et la méthode apicole de l'auteur ont reçu une médaille de 1ʳᵉ classe à l'exposition universelle de Besançon ; le *Livre des Abeilles* a été mentionné dans le Bulletin de l'instruction publique, comme autorisé pour les écoles et les bibliothèques scolaires de France ; les conseils généraux du Doubs, du Jura et de la Haute-Saône s'en sont faits les propagateurs dans leurs départements respectifs et l'ont répandu par centaines d'exemplaires. Les citations sont donc superflues, et nous nous contentons de mentionner quelques passages de la lettre du frère Benoit, directeur du pensionnat de Montebourg (Manche). « C'est avec plaisir, écrit il à l'auteur, que j'ai l'honneur de vous faire une nouvelle demande de votre précieux *Livre des Abeilles*. Dans ma dernière lettre je vous disais que je me ferais le propagateur de votre livre ; je tiens parole autant que ma position le permet ; si j'étais libre, je prônerais partout ce charmant livre qui fait tant aimer les abeilles. Je vous remercie d'avoir ajouté le chapitre supplémentaire ; je tiens plus à lire les sages réflexions qu'il contient que les découvertes que vous signalez, tout ingénieuses qu'elles sont. » — Nous donnons aussi la lettre reçue de Dole dernièrement et que nous écrivait, à nous l'éditeur, un apiphile de cette cité. « Il y a bien longtemps, nous disait-il dans son langage naïf, que je m'occupe, dans diverses contrées de la France, avec un goût très prononcé, de la culture des abeilles. J'ai eu occasion de lire la plupart des ouvrages parus sur l'apiculture. Quoique renfermant de bons conseils, nul ne m'avait bien contenté. Mais, il y a trois ans, le *Livre des Abeilles* de M. Boissy m'étant tombé sous la main, je le lus et me dis : Là est le vrai moyen de faire prospérer l'apiculture. J'avais six ruchées bien ordinaires ; je me mis à l'œuvre, et j'ai réussi au delà de toute espérance.

» Depuis que je dirige les abeilles d'après les enseignements de cet excellent livre, je me dis et je dis à qui j'ai occasion de parler apiculture : Si cet ouvrage était connu et pratiqué en France, d'ici à dix ans il y aurait une abondance extraordinaire de miel et de cire ; je ne crois pas exagérer en disant qu'il y en aurait dix, quinze et vingt fois plus.

» Beaucoup de personnes ont peur des abeilles parce qu'elles ne savent pas la manière de les traiter ; d'autres, par ignorance, suivent une routine défectueuse qui comprime tout l'élan de ces admirables insectes et paralyse leur travail : de là dégoût ou découragement, et par suite abandon d'une culture si récréative tout à la fois et si productive. Avec l'excellente et si facile méthode de ce remarquable ouvrage, on conduit les abeilles comme des agneaux (l'expérience nous le prouve), et on voit les bénéfices centuplés.

» Tout heureux, depuis trois ans, de la prospérité de mon apier, je fais des vœux pour qu'un exemplaire de ce délicieux ouvrage arrive à chaque propriétaire d'abeilles. Mais combien, esclaves de la routine, dédaignent même de le lire ! Il serait donc à souhaiter que le ministre de l'instruction publique, d'accord avec son collègue de l'agriculture, imposât aux instituteurs le devoir de donner des leçons d'apiculture d'après le *Livre des Abeilles*, et d'avoir un petit rucher d'expérimentation pour les jours de beau temps. Les élèves, stimulés par la lecture si attrayante de ce livre, prendraient goût à l'apiculture, qui bientôt deviendrait une source de prospérité. Pour ne pas laisser mon désir sans résultat, je vous engage, monsieur l'éditeur, à voir quelle suite vous pourriez donner à mon projet pour propager un ouvrage dont je ne saurais trop faire l'éloge. »

C'est à ce vœu que nous nous faisons un devoir d'obtempérer en publiant cette quatrième édition.

LE LIVRE DES ABEILLES

PREMIÈRE PARTIE

CHAPITRE PREMIER

POURQUOI ET COMMENT CETTE QUATRIÈME ÉDITION

Le *Livre des Abeilles*, fruit d'observations suivies et d'une longue expérience, a été goûté du public et a obtenu un succès populaire ; les trois premières éditions épuisées, j'en publie une quatrième. En composant ce manuel, de même que dans ma pratique apicole, j'ai voulu me tenir en dehors de tout système. Je me suis attaché à ce qu'il y a de plus simple, de plus rationnel, mais en même temps de plus pratique et partant de plus propre à exploiter avec fruit de grands ruchers et à réaliser les plus honnêtes bénéfices. Faire connaître et aimer l'insecte mellifère, objet de la reconnaissance universelle pour ses admirables travaux ; diriger l'apiculteur ; venir en aide à la nature et la seconder ; faire toucher du doigt les

quelques opérations apicoles nécessaires selon les temps
et les saisons ; puis discuter les meilleures méthodes, les
faire apprécier, et en même temps indiquer la manière
de faire de nos praticiens les plus habiles, tel est le but
de mon ouvrage. Mais dans un sujet d'histoire naturelle
d'une si haute portée et qui est, par excellence, l'objet de
l'admiration de tous les sages, je ne pouvais négliger les
réflexions morales, dont j'ai été assez sobre, du reste,
m'en tenant à quelques inductions par manière de corollaire, tirées du fond même du sujet, si propre à nous
élever à Dieu.

Quant à mon ouvrage lui-même, je suis encore à me
demander comment il m'est arrivé de le composer. Ayant
été gratifié, il y a quelque trente ans, de deux paniers
d'abeilles, je m'appliquai à suivre avec attention les travaux de mes diligentes ouvrières ; en même temps, je
voulus me rendre compte de l'histoire naturelle de l'insecte mellifère. Cette étude me charmait; c'était là ma
distraction au milieu des travaux incessants et des fatigues inséparables du saint ministère. Dans mon admiration, je m'écriais souvent avec le Psalmiste : *Quam
magnificata sunt opera tua, Domine; omnia in sapientiâ
fecisti* [1].

Mes observations expérimentales, jointes à quelques
lectures apicoles, redoublaient mon admiration.... C'est
dire assez que j'étais animé du *feu sacré* et que je faisais
de l'apiculture en amateur. A part quelques essais en

---

[1] Que vos œuvres sont magnifiques, ô mon Dieu ; vous avez tout
fait avec sagesse.

ruches nouvelles, qui m'ont un peu coûté, ma méthode me réussissait au delà de toute espérance. L'exposition universelle de Besançon étant venue faire appel à tous les amateurs, j'ai envoyé au jardin de l'exposition une ruche de mon invention, pleine d'abeilles et de miel. Cette ruche d'observation, en bois peint, a été fort admirée du public; mais les abeilles se sont permis des rapines chez MM. les confiseurs et autres épiciers de la ville, rapines dont elles ne se cachaient nullement, il faut bien l'avouer. Un édit d'ostracisme fut lancé contre elles. Pourtant le jury, revenu bientôt de sa surprise, les rétablit au beau milieu du jardin et décerna un premier prix à ma méthode apicole.

Quelques mois après, M. le président de la Société d'agriculture de la Haute-Saône me pria de composer quelques articles d'apiculture pratique pour être lus aux réunions de la société savante. Ces articles furent accueillis avec bienveillance; M. le général de Mirbeck, en dissentiment avec moi sur quelques points, fut prié de me répondre, et MM. les membres de la Société d'agriculture ayant voté à l'unanimité l'impression de notre correspondance, mes articles ont été envoyés en feuilles périodiques aux écoles du département de la Haute-Saône.

Il ne me restait plus qu'à recueillir mes notes et mes élucubrations apicoles pour donner une édition de mon *Manuel* d'apiculture, auquel j'ai donné un titre simple et facile : *le Livre des Abeilles*.

La première édition, vite épuisée, ne contenait que la partie pratique de l'apiculture; mais qu'est-ce que la pratique sans la théorie, sinon un corps sans âme? Ma seconde édition a donc été augmentée de l'histoire naturelle des abeilles, de leurs produits et de tout ce qui s'y rattache ; de l'habitation qui leur convient le mieux ; des climats et des températures qui leur sont favorables ; des plantes, arbres et fleurs qui produisent le miel, etc., etc.

Nous étions en 1870.... La guerre était venue, et, à sa suite, l'invasion avec tous ses fléaux.... Les horribles Prussiens, *Deus avertat !* ne respectaient ni le sacré ni le profane. Quelques-uns s'étaient acharnés après mon rucher, d'où il s'en est suivi une lutte meurtrière. Mes ouvrières, désespérées, ayant fondu sur l'ennemi avec une bravoure au-dessus de tout éloge, avaient mis en fuite leurs vils agresseurs. Ceux-ci, après un moment de trouble, sont revenus à la charge, et, joignant la ruse à la lâcheté, au moment où mes amazones victorieuses, calmes et tranquilles, jouissaient en paix du fruit de leur victoire, les Teutons se sont précipités sur leurs habitations, qu'ils ont renversées dans la neige, et se sont enfuis à toutes jambes après ce facile exploit.... Qu'on juge de ma stupeur lorsque je vais à mon rucher.... C'est donc fait de mes laborieuses colonies.... Mais non.... quelques abeilles se meuvent encore du milieu de leurs rayons brisés et gisant dans la neige.... Je les ramasse avec une religieuse émotion, les réchauffe près de mon foyer ; bref, je les rends à la vie.... Pourtant leurs magasins ont été pillés ; mais, ô Providence divine, la guerre, qui m'a amené les descendants d'Attila, m'amène à leur suite, avec l'armée française, dont il est un des aumôniers, le R. P. Babaz, qui, au moyen de sa *cave* ou *cantine* des abeilles, m'apprend à régénérer en quelques jours mon rucher, avec ce petit noyau de mouches que n'avait pu détruire la sauvagerie prussienne.

La *cave* ou *cantine* des abeilles, précieuse invention que le savant naturaliste m'a gracieusement autorisé à faire connaître, tel est le sujet principal de l'un des chapitres du *Livre des Abeilles*.

On veut bien me permettre de le dire, cet opuscule ainsi que la seconde édition ont été vite épuisés. Bientôt le conseil général de la Haute-Saône m'a gracieusement invité à publier une troisième édition qui touche à sa fin. C'est donc la quatrième édition que je fais paraître aujourd'hui, en un volume qui renferme tout ce qui était contenu dans le livre principal et les trois appendices, et qui, en outre, contient tous les nouveaux progrès de la science et de l'art apicole, arrivé aujourd'hui à l'apogée de la perfection. Ici, je dois un témoignage particulier de gratitude à notre savant compatriote, M. l'abbé Gainet, chanoine de Reims, l'auteur du livre *la Bible sans la Bible* et de divers ouvrages sur les origines du monde. Cet écrivain si érudit voulant bien me faire don de ses ouvrages à mesure qu'ils paraissent, je lui ai envoyé aussi, à titre de reconnaissance, mon *Livre des Abeilles,* qu'il a communiqué à un apiphile de la Champagne, des plus versés dans la science apicole, et parfaitement au courant des ouvrages des grands apiculteurs d'Allemagne et d'Amérique, les Dierzon, les Dadant, les Bastian, etc.

Mon livre a été lu et annoté par ce savant apiculteur, et je ne me suis pas fait faute d'enrichir cette nouvelle édition de ses sages observations : seulement, je ne partage pas sa prédilection pour la ruche à rayons mobiles, si prônée par les savants d'outre-Rhin ; je la trouve d'un emploi trop difficile et trop occupant pour la plupart de nos apiculteurs, et j'ai les meilleures raisons de croire que la ruche à calotte donne d'aussi bons résultats au moins, sans tant de dépenses ni de fatigues.

Pourtant, dans l'intérêt de mes lecteurs, et jaloux de satisfaire à tous les goûts, je consacre un chapitre entier à la méthode des mobilistes ; je fais connaître la ruche à cadres mobiles, la ruche à porte-rayons, qui va si bien aux amateurs et à ceux qui font de l'apiculture comme étude ; j'en énumère les avantages sans en dissimuler les inconvénients, et j'indique les meilleurs moyens d'en tirer profit. J'ai dans mon voisinage un partisan des cadres mobiles, pharmacien de sa profession, qui pratique le mobilisme sur une grande échelle ; je rends compte de ce que j'ai admiré chez lui et je consacre une note à part à ce *mobiliste* émérite, qui m'aurait réconcilié avec les cadres mobiles si c'était possible.

On s'est étonné que dans le *Livre des Abeilles* rien n'ait encore été dit de l'abeille jaune d'au delà des Alpes. J'étudiais, je faisais des expériences ; je voulais que la supériorité de l'abeille d'Orient fût bien constatée, et, d'un autre côté, que les voies ferrées *express* fussent rapides comme le vent et les colis postaux inventés, et, partant, les prix très abordables. Aujourd'hui qu'il n'y a plus de distances, que le problème est résolu et l'expérience couronnée d'un plein succès, je consacre un chapitre à l'abeille jaune. J'y ajoute quelques renseignements et nouvelles découvertes de la plus haute importance pour un parfait succès de l'apiculture, entre autres le nourrissement spéculatif, la capacité des ruches et autres points d'importance majeure.

Dans nos pérégrinations aux contrées méridionales de la France, nous étions étonné, stupéfait, de l'état misérable où était tombée l'apiculture. Pour toute ruche, des caisses en bois, ressemblant en tout point à des cercueils (dressés) d'enfants de sept à huit ans, partout le silence et la stérilité.

Cependant le *Livre des Abeilles* était tombé entre les mains de lecteurs aussi intelligents qu'amis de la belle nature. Ils ont mis en pratique les méthodes recommandées et sont devenus (quelques-uns) des apiculteurs distingués.... Une correspondance suivie en est résultée avec échange de vues; les Prunet, les Teysseyre, les Lambic, tous doués du *feu sacré,* font école. L'abbé Prunet, dont la main est si habile *in omni opere quod fabrifieri potest,* est l'inventeur d'une ruche en bois qui est un charmant petit pavillon octogone avec quatre fenêtres qui permettent d'inspecter l'intérieur et de suivre le travail des abeilles. Le chapiteau qui couronne le petit édifice est aussi très élégant. Nous donnons une note sur la *ruche-Prunet* et sa manière de se défaire des bourdons.

Ajoutons enfin que pour justifier l'attente de nos amis en apiculture, et ne rien ignorer des nouvelles découvertes de la science apicole, nous nous sommes mis en relations avec les maîtres de l'art. Nous avons lu les revues et bulletins d'apiculture, soit de France, soit de l'étranger, et visité les apiers les mieux tenus et les plus renommés. Nous aimons à dire que nous avons trouvé dans le Bulletin périodique de la Suisse romande une quantité d'ingénieux procédés dont nous avons fait notre profit ; grâces en soient rendues à M. E. Bertrand, l'auteur du Bulletin si rempli de choses utiles, qu'il donne sans emphase et avec une modestie parfaite.

Nous avons voulu aussi indiquer les instruments apicoles les plus utiles, et dire où et à quel prix à peu près on peut se les procurer.

On pourra en juger, cette quatrième édition est donc entièrement refondue et mise au niveau de la science et des progrès apicoles.

Nous ne pouvions clore ce travail sans dire un mot de la méthode de M. l'abbé Signe, supérieur du séminaire de Vesoul, qui a doté cet établissement du plus beau rucher de la Haute-Saône [1], comme son modeste prédécesseur, M. le chanoine Vernerey, avait déjà enrichi le verger des plus beaux arbres fruitiers dont s'enorgueillit la Franche-Comté. Ainsi, le clergé, qui se montre l'ami des sciences et des belles-lettres, prouve par ses œuvres qu'il ne dédaigne rien de tout ce qui contribue à améliorer le sol et à y attacher l'habitant des campagnes.

Puisse le *Livre des Abeilles* être goûté de nos écoles, être extrait de nos bibliothèques communales et lu, dans les mois de repos, par nos diligents laboureurs ! Puisse-t-il faire aimer à nos jeunes gens la maison paternelle, le clocher de leur village, la profession de leurs pères, et

[1] Voir aux notes.

leur inspirer l'amour du sol natal! Puisse-t-il enfin réveiller, dans le cœur de tous ceux qui le liront, une louable émulation pour le charmant insecte mellifère qui ne demande qu'à être mieux connu pour enrichir nos tables des plus délectables desserts, éclairer nos autels de la cire la plus pure, et nous stimuler tous, par son industrieuse activité, à consacrer tous les moments de notre vie au service de Dieu et de la patrie.

CHAPITRE II

INTRODUCTION

—

L'apiculture. — Ses facilités. — Ses douceurs.

Ce petit livre des abeilles, je l'écris pour les habitants des campagnes, qui, presque tous, peuvent tenir quelques ruches ; — pour les gens aisés des villes qui viennent passer quelques mois de la belle saison au milieu des champs ; — pour MM. les curés qui ont le bonheur d'exercer le saint ministère dans les paroisses rurales, et qui tous peuvent se procurer la plus agréable et en même temps la plus lucrative des distractions en tenant un beau rucher au milieu de leur jardin ; — pour MM. les instituteurs, dont le devoir est de faire aimer l'agriculture aux jeunes gens de nos campagnes en même temps qu'ils leur en donnent les premières notions. — Mais je l'adresse, ce petit livre, avec une prédilection toute particulière, à la jeunesse de nos écoles rurales.... Oh ! combien je voudrais pouvoir faire aimer la vie des champs aux enfants de nos laboureurs et la leur faire préférer mille fois à la vie aventureuse et trop souvent

égoïste des villes ! Quel service je leur aurais rendu !
Virgile le disait déjà il y a deux mille ans : O trop for-
tunés les laboureurs, s'ils connaissaient leur bonheur !

> O fortunatos nimium, sua si bona norint,
> Agricolas!...

Dans les villes, l'oubli du Créateur arrive, hélas ! plus
aisément. L'homme n'y entend guère la voix de Dieu ;
il n'y contemple, pour ainsi dire, que les œuvres de ses
mains, les palais qu'il a construits, les beaux meubles et
les fins tissus qui sont le produit de son industrie. De
là vient qu'il est tenté de tout rapporter à lui-même ; il
ne sait pas ce qu'il en coûte pour obtenir un grain de
froment, et, quand il achète du pain, sa pensée ne con-
sidère que le boulanger qui l'a pétri.

Mais, dans les campagnes, comment douter de la Providence ? Nous la touchons partout du doigt, nous ren-
controns à chaque pas la main du grand Ouvrier ! C'est
lui qui fait croître et colore les fleurs de nos prairies,
— lui qui donne à nos oiseaux leur fin plumage et leur
chant mélodieux. — Si nous labourons la terre, c'est lui
seul qui la féconde ; — si nous menons paître nos trou-
peaux, c'est lui qui fournit leur toison ; — si nous plan-
tons nos vignes, c'est lui qui attache fleurs et fruits à
leurs rameaux. « Les cieux racontent la gloire de Dieu,
et le firmament annonce l'œuvre de ses mains, » dit le
Psalmiste. Tout, pour l'habitant des campagnes, est
donc une invitation à louer et à bénir l'Auteur de la
nature ; il trouve dans la culture des champs la source
des plus douces jouissances.... — Heureux donc, encore

une fois, le laboureur qui sait apprécier les avantages de son état !

Mais parmi les douces jouissances que procure la vie des champs, il en est une trop ignorée et que je serais heureux de faire aimer ici.... C'est le soin des abeilles, l'apiculture. En effet, quel est l'apiculteur qui ne chérisse ses mouches à miel, qui ne s'y attache avec une sorte de passion, qui ne se plaise à suivre leurs travaux pas à pas, qui ne jouisse avec elles d'un beau jour de travail, qui ne s'attriste d'un contre-temps qui les retient captives au logis, qui n'aime à s'entretenir avec ses amis de leur industrie, de leur manière de se gouverner, qui ne soit fier d'offrir à ses convives quelque beau rayon détaché en leur présence du sein d'une ruche pour embellir son dessert ! Ajoutez que rien ne donne de la vie à un verger comme quelques colonies d'abeilles bien tenues ; c'est l'activité, l'industrie, la prévoyance, personnifiées.

Quant aux bénéfices, ils sont clairs et certains, si les abeilles sont conduites avec intelligence, surtout lorsque la contrée offre une flore riche et variée. Entre mille exemples, je cite ce trait bien connu d'un excellent apiphile, l'abbé Bienaimé, d'abord curé de Nonancourt et plus tard (1802) appelé au siège épiscopal de Metz. Mgr de Narbonne, évêque d'Evreux, faisait sa première visite pastorale et arrivait au village de Nonancourt, où, après avoir visité l'église, il dînait au presbytère. A la grande surprise du prélat, on servit un dîner très recherché. Lorsque arrive le dessert, plus somptueux encore que ce qui avait précédé, l'évêque ne peut s'empêcher de témoigner son étonnement : « Quoi ! mon pauvre curé, vous perdez donc la tête ! Tant de frais pour moi, qui vous avais recommandé de ne rien changer à votre ordinaire ! Et vous allez dépenser le quart de votre revenu pour me recevoir !... — Je ne pouvais faire moins pour vous, Monseigneur ; d'ailleurs, que Votre Grandeur se rassure, j'ai d'autres ressources que ma portion congrue pour vivre (la portion congrue était de 300 livres). Celle-ci est en grande partie absorbée par les pauvres de ma paroisse, qui sont nombreux ; mais je trouve ce qui est nécessaire à mon entretien dans un abeiller de vierges laborieuses dont je suis le directeur. — Comment ! comment ! une abbaye ! Quel est donc cet établissement dont on ne m'a pas encore parlé ? — Il est, en effet, hors de votre juridiction, Monseigneur, et si vous me le permettez, je vais avoir l'honneur de vous y conduire. » Le dîner fini, on se rend au jardin, au beau milieu duquel se dresse un magnifique rucher contenant une centaine de colonies d'abeilles. « Voilà, dit à son évêque le curé apiculteur, voilà mon abeiller de travailleuses auxquelles je dois mon aisance. » Le prélat, à la vue de ces myriades d'insectes bourdonnants et laborieux, ne revenait pas de son admiration, et il félicita cordialement le digne curé du profit qu'il savait tirer de ses récréations.

Combien d'autres faits je pourrais ajouter ! Mais c'est assez. Ne dites donc pas : Je ne saurais soigner les abeilles, j'ai peur d'être piqué. — Allons donc, c'est de l'enfantillage. Les abeilles, comme nous le dirons plus tard, ne sont pas agressives de leur nature ; puis, lorsqu'on sait leur parler, on les rend douces comme des agneaux, et rien n'est plus facile que d'apprendre. Lisez attentivement ce petit livre, relisez-le encore, puis faites des essais. Votre expérience, jointe à la théorie, fera le reste. Si vous ne voulez pas opérer vous-même, vous pouvez indiquer les opérations qu'aura à faire le jardinier que vous occupez ; sous votre direction, il finira par très bien réussir.

J'offre mon petit ouvrage à la jeunesse de nos écoles rurales. Tout court qu'il est, j'espère n'avoir rien omis d'essentiel dans sa rédaction. En le composant, je l'avoue, j'ai fait comme l'abeille, j'ai butiné à droite et à gauche ; je me suis renseigné des avis des hommes habiles en apiculture. J'aime à citer ici les Lapoutre, notre vieil auteur franc-comtois qui écrivait en 1763 (il y a plus d'un siècle), et qui était déjà au courant de quelques bonnes méthodes, quoique la science apicole fût bien en retard à cette époque ; — les Collin, les Hamet, les Mauguet d'Argence, à qui l'apiculture doit le perfectionnement et la divulgation de ses meilleurs procédés ; — et parmi mes compatriotes, les de Mirbeck père et fils, l'un capitaine dans les gardes du corps, l'autre général, tous deux également habiles dans l'art apicole et dans l'art plus difficile de commander aux hommes ; — les Bailly, de Domprel, ce praticien émérite qui fait autorité dans nos montagnes et qui a su communiquer le *feu sacré* à ses confrères, curés dans le voisinage, qui tous, à deux ou trois lieues à la ronde, soignent de beaux ruchers [1].

---

[1] Je ne dois pas non plus oublier MM. Fierech, de Pont-de-Roide, Prunet, de Saint-Rustice, Signe, de Vesoul, Fidèle Bulle, de Jougne, qui possède sur les hauteurs du Suchet, aux confins de la France et

J'ai joint mon expérience à la science et aux bons conseils de tous ces hommes habiles ; enfin j'ai pratiqué avec succès tout ce que je recommande, bien que, le plus souvent, je n'en sois pas l'inventeur. Encore une fois, lisez donc avec confiance, relisez encore ; essayez, le livre à la main, et bientôt vous serez passé maître en apiculture. Au besoin, vous pourrez faire opérer sous vos yeux, et vous verrez que le soin de vos abeilles sera pour vous tout à la fois le plus agréable et le plus lucratif des délassements [1].

de la Suisse, un des plus beaux ruchers qui existent. Je donne un aperçu de la méthode de ces excellents praticiens, dans les notes à la fin du volume.

[1] L'abbé Lapoutre, curé de Corcondray, éditait en 1763, à Besançon, son *Traité économique des abeilles*, ouvrage aussi intéressant que curieux, et plein de sages observations basées sur une longue expérience.

Dans sa préface, l'auteur a la naïveté de nous dire que l'aiguillon des abeilles a été, jusqu'ici, le grand obstacle à leur multiplication et aux progrès de leurs travaux (j'en demande pardon à l'auteur, mais je crois que c'est le contraire qu'il faudrait dire ; Dieu a bien fait ce qu'il a fait, car sans leur dard les abeilles, harcelées, troublées, dérangées dans leurs travaux, n'existeraient plus), et que la crainte de ce dard envenimé n'a point permis aux observateurs d'approcher assez près de ces mouches ; mais que pour lui, indifférent à cette arme, il a eu toutes facilités de se livrer à ses recherches.

Notre auteur appelle la mère abeille, *roi ;* les mâles, bourdons ou abeilles fainéantes ; les ouvrières, mulets. Son opinion sur l'abeille supérieure est qu'elle est *androgyne* (des deux sexes). L'abeille androgyne, ajoute-t-il, mérite le titre le plus noble ; en conséquence, il l'appelle *roi ;* puis il décrit au long le quartier habité par le *roi,* sa vigueur, sa diligence, la merveilleuse police qu'il établit dans son Etat..., les duels auxquels se livrent les rois compétiteurs d'une même cité, etc., etc.

Si notre vieil auteur se trompe sur certains points de l'histoire

CHAPITRE III

COUP D'ŒIL GÉNÉRAL

Au milieu de mes excursions en Franche-Comté et de mes investigations apicoles, une chose m'a toujours étonné : c'est que dans notre beau pays, à l'aspect si vert, aux sites si variés, aux prairies, tant naturelles qu'artificielles, répandues partout, aux vallons si émaillés de fleurs aromatiques, aux montagnes si bien boisées,

naturelle des abeilles, il n'en est pas de même lorsqu'il aborde les questions pratiques et enseigne un grand nombre d'excellents procédés, qu'on donne comme des innovations aujourd'hui, et qui étaient déjà connus dans des temps éloignés de nous.

Il insiste sur les trois points suivants, maintenant, comme par le passé, base de toute bonne apiculture : 1° Assurer à ses colonies une bonne provision de miel, une forte population et de *bonne cire*, pour que le roi y fasse la ponte et que les essaims soient précoces ; 2° ne jamais détruire d'abeilles, n'en point faire périr ; 3° réunir des colonies et faire des mariages en automne autant qu'il est nécessaire pour la prospérité des peuplades.

Abordant la question du rucher, l'auteur franc-comtois veut qu'il soit tourné au coup des dix heures et demie, du moins dans le pays plat de la *Comté*, de manière à recevoir les rayons du soleil dès les cinq heures du matin jusqu'à deux heures du soir. « Si le levant » d'est, ajoute-t-il, portait en droiture les frimas aux entrées des » ruches, elles recevraient l'ombre à midi et éprouveraient des froids » trop vifs, ce qui pourrait causer annuellement la perte d'un dousi verdoyantes, en Franche-Comté en un mot, si riche par sa flore, la culture des abeilles soit si pauvre, si peu connue, et reléguée parmi les occupations de pure fantaisie.

Ce mal vient de ce que personne ne connaît l'*a b c* de l'apiculture; personne ne s'informe des mœurs des abeilles, de leurs habitudes, de la manière de les traiter, des meilleures méthodes d'en tirer profit. Les quelques rares exceptions que nous pourrions citer ne font que confirmer la règle. Toute la science des possesseurs d'abeilles, s'ils ont une ruche *grasse*, c'est de l'étouffer..., de tailler les autres au printemps, de presque tout ravir aux pauvres insectes, cire et miel. De là des colonies affaiblies qui se repeuplent lentement, parce

» zième dans le croît des abeilles. » Notre apiculteur regarde la position du rucher comme une affaire importante. Il constate qu'un rucher qui était stérile est devenu le plus fructueux de l'endroit, pour avoir été transféré vingt pas plus loin, selon son avis. Il recommande comme les plus avantageuses les ruches à hausse et les ruches à calotte. Il conseille de n'enlever les calottes qu'à la mi-septembre, lorsque le froid en a fait dénicher les abeilles.

Relativement à la consommation alimentaire, l'apiculteur comtois constate que le froid hivernal augmente le feu stomachique des abeilles et occasionne une consommation un peu plus forte. Il a observé qu'une ruche bien peuplée ne consomme guère plus en hiver qu'une ruche faible en monde, — que la consommation alimentaire était d'une livre et demie dans les mois de novembre, décembre, janvier et février, — que dans les mois de travail, elles dépensent davantage, — qu'il faut leur laisser douze livres de miel en automne, et quatre au commencement de mars.

Nous devons encore signaler comme dignes du plus grand intérêt les chapitres sur les causes et la formation du miel, le pacage des abeilles, les rosées mielleuses, etc.

que les alvéoles manquent à la mère abeille pour déposer ses œufs, qu'elle pond à cette saison par plusieurs centaines chaque jour. Partant, les ouvrières passent le temps des fleurs à refaire leurs rayons, les essaims sont rares et tardifs ; ils végètent en été, et, pour la plupart, périssent de misère en hiver. De là des colonies appauvries et maigres, ravagées par la fausse teigne, décimées par la misère ; de là aussi le dégoût d'une culture qui ne donne que déboires et déceptions [1].

Je ne citerai qu'un fait entre mille.

Je me rendais il y a quelque temps à M., petit bourg situé sur les bords de l'Ognon. J'y visitai trois apiers assez près les uns des autres, l'un des trois établi sur une échelle assez considérable. Je donne à deviner en cent combien dans les trois ruchers il y avait de colonies vivantes. C'est vraiment à n'y pas croire.... Combien ? Une seule ! Le grand rucher était entièrement vide. Au lieu d'abeilles, je vis s'y promener des lézards.... Partout la solitude et la mort.... C'était à faire saigner le cœur d'un vrai apiphile.

Je témoignai ma surprise à l'un des possesseurs de ces ruchers déserts. Les abeilles, me répondit-il avec tristesse, ne réussissent pas à M., et, bien malgré moi, je renonce à en tenir. — Quoi ! les abeilles ne pas réussir à M., pays aux riches prairies émaillées de fleurs, aux bosquets verdoyants ! Encore une fois, c'est à n'y pas croire.

---

[1] Depuis une dizaine d'années, ce misérable état de choses a cessé, et pour cause.

C'est donc un fait trop constaté qu'on ne fait rien pour les abeilles, que la manière de les traiter est désastreuse. De là absence de produits, pertes et découragement !... Qu'on essaie seulement des méthodes rationnelles fondées sur la connaissance des habitudes des abeilles et l'expérience , et je promets de beaux produits, des produits réels, et une des plus douces jouissances pour l'apiculteur.

Bien plus, je dirai que chaque maison devrait posséder quelques ruches, et entre autres qu'il n'y a pas un instituteur, pas un curé, qui ne puisse entretenir dans son jardin un beau rucher qui lui rapporte un gros casuel, celui-ci non sujet à contestation et qui ne demande que quelques soins plutôt récréatifs que pénibles et laborieux.

Qu'on n'aille pas croire que l'apiculture soit un art hérissé de difficultés.... Non, encore une fois. C'est plutôt une récréation qu'une occupation. On verra par la suite de ce petit livre qu'il y a peu à faire. — Connaître la manière d'être, de vivre, des abeilles, pour se rendre compte des différents phénomènes qui peuvent se produire dans chaque petit Etat ou colonie ; — fournir à celle-ci une habitation commode, susceptible d'être agrandie ou restreinte suivant le nombre de ses habitants ou la quantité des approvisionnements, — recueillir les essaims, au besoin en réunir plusieurs à la fois, — renouveler les rayons trop vieux, réunir les populations trop faibles ou dépourvues de provisions...., toute la science apicole est là.

Pour donner une idée générale de tout ce que j'aurai

l'occasion de développer dans le cours de ce Manuel, je vais indiquer ici tout le secret de ma méthode.

Pour réussir et tirer profit des abeilles, il ne faut pas l'oublier, il est deux points essentiels à observer :

1° Obtenir des essaims précoces et forts en population ;

2° N'avoir que des colonies populeuses et bien approvisionnées.

Pour atteindre le premier point, en général, et sauf les exceptions que j'indiquerai plus loin, je ne pratique que peu de *taille* au printemps. Par là j'arrive à obtenir des essaims précoces. Pour ne citer que l'année de l'exposition de Besançon, sur vingt colonies, j'ai obtenu cinq essaims en mai, onze dans la première quinzaine de juin, et les quatre derniers, qui sont venus quelques jours plus tard, ont été réunis à d'autres qui étaient faibles en population, ou remis à la place de la ruche mère, celle-ci déposée en une autre place. Ces essaims, précoces et forts en monde, étaient, par conséquent, pleins d'avenir et ont donné du miel et de la cire en abondance.

Quant aux colonies faibles en population, je les réunis à d'autres, au moyen de la fumée ou par l'asphyxie momentanée, soit en automne, soit même au printemps. Par là j'arrive à n'avoir que de grandes colonies qui me donnent des essaims précoces et force miel. La réunion (la confédération, dit le vieil auteur comtois) est facile avec un peu d'habitude. C'est ici l'opération la plus essentielle de l'apiculture, la réunion ou mariage des colonies peu populeuses ; car je me fais fort de prouver par A plus B que si une population faible produit zéro à l'apiculteur, moins que zéro, parce que la colonie périra de faim en hiver, et que le propriétaire en sera pour ses frais de ruches et ses peines perdues, au contraire, une colonie forte donnera le 20 pour 100, une très forte le 100 pour 100 et jusqu'à 200 pour 100 [1].

[1] A l'appui de ma thèse, et parce que les faits parlent plus haut que les raisonnements, je demanderai encore la permission de citer l'état de mon rucher en 1861.

Chacun sait que l'été de 1860 a été des plus funestes pour les abeilles. Le journal *l'Apiculteur* constate que des années aussi malheureuses n'arrivent guère qu'une fois ou deux par siècle. A ce propos, il cite comme bien mauvaise l'année 1816, puis l'année 1766, demeurées dans les souvenirs apicoles comme des plus calamiteuses, puisque sur cent colonies dix survécurent à peine dans les trois quarts des cantons de la France. Enfin il signale comme pire encore l'année 1861, où des renseignements positifs constatent qu'il est resté à peine cinq colonies sur cent, en Angleterre, en Belgique, dans le nord et le milieu de la France. Certaines localités sont même signalées comme ayant tout, mais tout perdu. (De là le bas prix de la cire, qui a paru en si grande quantité sur les marchés par suite de l'extinction de tant de ruches.) Le journal ajoute : Les apiculteurs, mais ils sont en bien petit nombre, qui ont soigné intelligemment leurs ruches, ont pu en sauver la moitié. Bref, la mortalité des abeilles, quoique moins terrible, a été grande aussi en Franche-Comté. On peut dire que les deux tiers des colonies *au moins* ont péri. Eh bien ! pour ce qui concerne mon rucher, j'ai eu la satisfaction de ne pas perdre une seule de mes peuplades. Sur trente-cinq, six seulement n'avaient pas leurs provisions d'hiver ; j'en ai réuni cinq à d'autres, et j'en ai nourri une seule, qui était un gros essaim de l'année, et ainsi elles ont pu arriver au printemps. Donc, au mois de mai 1861, mon rucher comptait vingt-huit paniers bien portants et quelques-uns excellents, qui, soit dans les calottes, soit par le moyen des superpositions des ruches, m'ont donné les uns 10, d'autres 15, 25, et un autre jusqu'à 40 livres de miel.

Dernière observation. Au moment où je recueille ces notes pour

Je tenais à bien inculquer tout d'abord ces notions essentielles dans l'imagination du lecteur, dût-il se tenir pour suffisamment renseigné et fermer le livre sous prétexte qu'il en sait assez.

La grande question qui divisera éternellement les apiculteurs sera la question des ruches. — A mon avis, c'est là une question secondaire. Quoique le logement soit pour beaucoup dans le produit des abeilles, pourtant il est démontré pour moi qu'un praticien habile tirera un bon parti de la plus mauvaise ruche, tandis que l'apiculteur ignorant laissera périr ses abeilles dans la ruche la mieux conditionnée.

les livrer à la publicité (juillet 1884), j'aime encore à mentionner l'état de mon abeiller comme confirmation de ce qui précède.

Je m'étais contenté de garder onze peuplades pour passer l'hiver de 1884. De ces onze peuplades, huit ont donné des essaims, venus, cinq dans le courant de mai, quatre le 1ᵉʳ juin, et les plus tardifs les 7, 8 et 9 juin. Aussitôt après l'essaimage de chaque ruche, j'ai mis des *calottes*, pour empêcher les essaims secondaires, qui pourtant sont arrivés dans quatre ruches.

L'essaim du 16 mai en a donné un à son tour le 10 juin, que j'ai mis à la place de la mère ruche, et celle-ci à un endroit quelconque, pour la dépouiller au bout de vingt jours.

Au 1ᵉʳ juillet, je visitais mon rucher, où je recueillais quatre calottes pleines d'un excellent miel. Je remarquais avec une douce surprise que mes deux premiers essaims, venus le 16 et le 27 mai, étaient lourds comme les ruches mères et avaient déjà, en partie, rempli les calottes dont je les avais couronnés. Pour être juste, je dois faire remarquer deux choses : 1° que j'avais mis les essaims à la place des ruches mères, et celles-ci à la place de deux colonies faibles que j'ai détruites et dont la population a remplacé les vides produits par l'essaimage; 2° que l'année 1884 s'annonce comme une année mellifère excellente : avril et mai ont été constamment beaux et la végétation luxuriante.

Après tous mes essais, mes expérimentations, je n'hésite pas à l'affirmer, la plus avantageuse de toutes, c'est la ruche à calotte. La ruche commune, si vous voulez (vulgaire, villageoise, n'importe le nom), mais avec une ouverture à son sommet (en paille et dans les dimensions que nous indiquerons) pour recevoir soit une calotte, soit une hausse, une autre ruche, soit pour donner de la nourriture aux abeilles, voilà la ruche par excellence, la ruche vraiment pratique ! — Bien plus, depuis les grandes observations faites à partir du siècle dernier jusqu'à nos jours, je crois qu'il n'y a plus guère de découvertes à attendre en apiculture [1], et que, notamment, le dernier mot est dit sur les ruches. — Ces notions sommaires et capitales établies, il est temps de commencer.

[1] Au contraire, veut bien m'observer l'apiculteur rémois, la ruche à cadres, l'extracteur et l'abeille italienne, offrent un vaste champ aux apiculteurs intelligents. — Soit, répondrai-je, puisque Dieu a livré ce monde aux disputes des savants : *Tradidit mundum disputationi eorum.*

CHAPITRE IV

LES ABEILLES. — LEUR POÉSIE

Rang qu'elles occupent dans la création. — Vivent en société. — Leur
état est monarchique. — Leur instinct. — Leur prévoyance.

Les abeilles, ces tout petits insectes si frêles et si ché-
tifs, occupent un des premiers rangs dans l'échelle de la
création. Elles sont l'objet de l'admiration universelle
pour leur industrie et le profit qui en revient à l'homme.
Elles ont été en tout temps l'objet des études de prédilection de tous les naturalistes. Elles sont l'emblème de
l'ordre, du travail, de l'industrie, de la chasteté [1], du
dévouement et de la vigilance. A tous ces titres, elles
figurent dans les devises et les armoiries des grands [2],

---

[1] Les abeilles ouvrières sont vierges ; l'abeille mère, et elle est
unique dans la ruche, n'aura été fécondée qu'une seule fois, et cette
seule fécondation suffira pour l'éclosion de quelque cent mille œufs
qu'elle est destinée à pondre.

[2] Urbain VIII avait des abeilles dans ses armes. Lors de son exal-

comme dans les comparaisons des poètes. Saint François de Sales, cet admirateur si naïf de la belle nature, avait voué à ces laborieuses et intelligentes petites créatures un amour de prédilection ; il y revient sans cesse dans ses écrits ; il sait tous les secrets de leur vie, et il se plaît à nous les redire comme autant d'exemples. La fable nous représente Jupiter enfant nourri par les abeilles du mont Ida ; les Philistins adoraient, à Accaron, Beelzebud, le dieu-mouche, figure humaine ayant la tête d'un insecte. Tyr frappait leur image sur ses monnaies, et les considérait comme les emblèmes de l'immortalité.

Les abeilles étaient le symbole de la tribu des Francs, leurs boucliers en étaient couverts, comme naguère le manteau impérial était tout parsemé d'abeilles d'or. Dans tous les temps les poètes les plus célèbres les ont chantées. Virgile leur a consacré ses plus beaux vers. Nos livres saints n'ont pas été des derniers à célébrer leurs louanges : « Vos paroles, ô mon Dieu ! s'écrie Da- » vid, sont douces à mon cœur comme le miel à ma » bouche [1]. » L'Eglise, le samedi saint, chante dans sa

---

tation au suprême pontificat, un Français fit ce vers en faveur de son pays :

Gallis mella dabunt, Hispanis spicula figent.

Elles donneront leur miel aux Français, aux Espagnols elles enfonceront leur dard.

Mais le pontife-poète, entendant prononcer ce vers, reprit avec autant d'esprit que de bonté :

Cunctis mella dabunt et nulli spicula figent.

Leur dard n'est pour personne, et leur miel est pour tous.

[1] *Eloquia tua, Domine, sicut mel ori meo.*

liturgie la pureté du cierge pascal, qui provient tout entier « du travail des abeilles » *(ex operibus apum)* ;
elle ne veut pas de mélange dans la matière qui fournit
la lumière emblématique sur l'autel ; tout doit être de
cire pure. Dans son admiration à la vue de sa fécondité,
l'Eglise l'appelle l'*abeille mère : apis mater*. Les abeilles
elles-mêmes sont l'objet de ses plus glorieuses comparaisons. Veut-elle nous donner une idée du zèle admirable de sainte Cécile, elle s'écrie : « Cécile, votre
» servante, ô mon Dieu ! *comme l'abeille diligente et*
» *laborieuse*, s'est consumée à votre service [1]. »

L'abeille, chez nous (mouche bénie), est aimée comme
un membre de la famille. Dans nos traditions popu-
laires, on peut échanger une colonie, en faire présent à
quelqu'un, mais non la vendre. Le chef de la maison
vient-il à mourir, elles s'associeront à la tristesse de la
famille et porteront le deuil. Nos lois elles-mêmes les
prennent sous leur protection spéciale. Lors d'une saisie
mobilière, elles font une exception en faveur des abeilles,
qui sont insaisissables. Ajoutons enfin que l'Eglise veut
que chaque année le prêtre bénisse ces admirables insectes, qui nous montrent Dieu non moins merveilleux
dans les petites que dans les grandes choses.

Gouvernement des abeilles, leur instinct, etc. — Une
peuplade d'abeilles est sans contredit le plus parfait des
Etats, et le mot de la Fayette à Louis-Philippe, en 1830,
serait vrai ici, car elles sont bien *la meilleure des répu-*

---

[1] *Cæcilia, famula tua, Domine, quasi apis argumentosa, tibi de-
servit.*

bliques. Jamais monarque n'a pu introduire dans son empire une union aussi parfaite que celle qui se trouve dans une colonie, j'allais dire dans un *Etat* d'abeilles. Là, tout est pour l'intérêt commun, travaux, dangers, fatigues. Là encore, l'individu n'est rien, il s'oublie, se dévoue et meurt, s'il le faut, pour le salut de l'Etat.

Rien de comparable à l'amour des abeilles pour leur reine. Le respect, l'attention, les soins, dont elles l'entourent, sont prodigieux. Là, la mère abeille peut dire avec plus de vérité que Louis XIV : *L'Etat, c'est moi.*

Reine par la taille plus riche, un port plus noble, une robe plus brillante, elle est aussi vraiment la mère de ses sujets. Pourvue d'une fécondité prodigieuse, elle est seule et sans cesse occupée à donner des citoyens à la patrie ; ses enfants ne cessent de l'entourer de leurs plus respectueuses caresses. Vieille et devenue presque inféconde, privée de ses ailes, elles l'entourent encore de leurs soins et de leurs hommages. Vient-elle à périr ? c'est fait de la peuplade, et si la reine ne laisse pas de progéniture royale, le découragement se met parmi les sujets ; il n'y a plus de travail, et la cité est à la veille de sa ruine, si une main amie ne lui donne une reine ou ne la réunit à une autre colonie.

Instinct des abeilles. — L'instinct, j'allais dire l'intelligence, des abeilles est vraiment admirable. Jetez un coup d'œil sur un rucher au printemps, lorsque la nature se ranime et que les fleurs s'épanouissent. Est-il un spectacle plus agréable ? Quelle activité, quel mouvement de

va-et-vient, quelle ardeur au travail ! Virgile a bien raison
de s'écrier :

> Fervet opus, redolentque thymo flagrantia mella.
>
> Tout s'empresse, partout coule un miel odorant.
>
> (Delille.)

Les unes reviennent à la maison chargées de deux
petites pelotes jaunes, rouges ou vertes, qu'elles ont for-
mées en pétrissant le pollen des fleurs ; les autres rapportent dans le gosier le miel dont elles formeront
d'abord la cire et qu'elles emmagasineront ensuite pour
les provisions d'hiver. Celles qui gardent l'intérieur de
la cité ne demeurent pas oisives. Admirez avec quelle
sagacité elles bâtissent les édifices communs, comme elles
en distribuent avec art les appartements, les voies de
communication, bouchent les ouvertures qui pourraient
donner accès au froid. Quel ingénieur des ponts et chaus-
sées préside donc à leurs travaux ? Après avoir construit
des berceaux où la reine déposera la jeune génération,
elles mettent leur joie à l'élever. Avec quel empressement
elles réchauffent leurs sœurs naissantes, leur procurent
la nourriture convenable ! Voyez avec quelle perspicacité
elles distinguent leur ruche de toute autre. Regardez encore de plus près !... Celles-ci font l'office de ventilatrices
à la porte de la ruche et renouvellent l'air par l'agitation
de leurs ailes ; celles-là, préposées à la garde de la cité,
sont là, postées en sentinelles vigilantes. Si une abeille
de la colonie revient des champs, elle rentre sans obstacle ; si elle a été mouillée et refroidie, ses compagnes
accourent pour la sécher et la réchauffer. Mais si une

étrangère se présente avec des intentions hostiles, elle est vite saisie par les sentinelles, chassée et quelquefois mise à mort. Si vous approchez de la ruche le soir, lorsque tout est rentré, et que vous fassiez mine de les troubler, la sentinelle la plus avancée ne se jette pas sur vous, mais elle rentre pour sonner l'alarme, et l'on voit paraître toute l'avant-garde qui rôde, cherche la cause de l'alerte et s'apprête à punir le téméraire qui s'approche de trop près.

Elles ont dans leur bourdonnement un langage qui n'est pas équivoque. L'ouvrière qui revient des champs ne bourdonne pas comme l'abeille irritée qui vous menace de son aiguillon. Le cri de celle-ci devient aigu. Ah ! dérobez-vous adroitement à sa colère. Lorsque les abeilles croient la colonie en danger, la vie de leur reine menacée, leur courage ne connaît pas d'obstacles ; elles défendent leurs pénates par le sacrifice de leur vie. Ces fières amazones ne savent pas ce que c'est que se ménager ou battre en retraite. Leur courage poussé à bout devient de la fureur; ce qui fait le roi David s'écrier : *Circumdederunt me sicut apes :* Ils se sont jetés sur moi comme des abeilles.

Mais venons à la peuplade qui vient de perdre sa mère.

En est-ce fait de l'avenir de la colonie ? Non, s'il y a quelques œufs d'ouvrières dans les rayons. Les abeilles vont détruire quelques alvéoles pour en construire à la place une autre, plus solide, plus spacieuse, qui sera tournée verticalement. Le ver qui sortira de l'œuf préparé, élevé dans ce berceau plus grand, recevra une nourriture plus abondante et plus délicate, une nourriture *royale* en un mot. L'ovaire de la jeune abeille se développera ; son corps prendra un plus gros volume, et bientôt celle qui était destinée à devenir simple ouvrière deviendra, par un admirable prodige, l'abeille mère, la reine de la colonie. Ces sortes de reines s'appellent *artificielles*, parce qu'elles le sont, non par droit de naissance, mais par élection ; élection, du reste, sans cabale ni intrigue, comme cela n'arrive que trop souvent chez nous.

Avez-vous vu cette souris imprudente qui vient de faire irruption dans l'habitation des abeilles ? Une nuée d'assaillantes se précipite sur l'audacieux animal et lui fait payer de sa vie sa témérité.... Le cadavre est là gisant.... Impossible de le traîner hors du logis.... La masse est trop lourde. La colonie sera-t-elle infectée des exhalaisons d'un corps en putréfaction ? Non, ne craignez rien. Nos industrieuses édiles trouveront le secret de parer à la contagion en embaumant le cadavre, c'est-à-dire en le couvrant de propolis de toutes parts. A tous ces traits d'ingénieuse prévoyance, n'a-t-on pas le droit de s'écrier avec le poète :

> Frappés de ces grands traits, des sages ont pensé
> Qu'un céleste rayon dans leur sein fut versé [1].

---

[1]   « His quidem signis, atque hæc exempla secuti,
        » Esse apibus partem divinæ mentis et haustus
        » Æthereos dixère.... » (*Géorgiq.*, liv. IV.)

CHAPITRE V

PROFIT QU'ON PEUT RETIRER DES ABEILLES

Il y a d'abord le profit moral. En effet, une colonie d'abeilles offre le spectacle de toutes les vertus : amour du travail, de l'ordre, économie, sobriété, respect pour les supérieurs, dévouement au bien public, etc. On ne peut être témoin de tant de belles qualités sans faire quelque retour sur soi-même et s'exciter au bien par l'exemple de si frêles et de si chétives créatures qui nous font la leçon. Aussi remarque-t-on en général que les familles qui soignent les abeilles sont religieuses, rangées, laborieuses. Les exemples de respect pour l'autorité, de l'esprit d'ordre et d'économie, de l'esprit de famille, que nos sages ouvrières leur donnent, ont une grande influence sur leur caractère, leur conduite, etc.

Voilà pour le profit moral. Je pourrais ajouter que la culture des abeilles ne demande pas de grands travaux, mais seulement de petits soins, et qu'il est peu de délassements aussi doux que ces petites attentions données à ces charmants insectes. Mais encore ces délassements deviendraient bientôt ennuyeux pour le cœur si, au bout, il n'y avait pas quelque bénéfice réel.

Voyons donc quels sont ces bénéfices.

Je suppose que le rucher est traité avec intelligence et habileté. — Si la contrée est suffisamment riche en fleurs, c'est-à-dire s'il y a quelques prairies, soit naturelles, soit artificielles, quelques bois à essence tendre, quelques arbres fruitiers dans les jardins, si surtout on cultive la navette, ou le sainfoin, ou même le sarrasin dans le voisinage du rucher, je pose en fait que chaque colonie rapportera, bon an mal an (l'une dans l'autre), six kilogrammes de miel et six hectogrammes de cire. Mais pour arriver à ce résultat, qui n'est point exagéré, tant s'en faut, j'entends qu'on pratique largement, lorsqu'il en est besoin, les réunions des colonies, et que, par la superposition des ruches, on empêche l'essaimage, quand il n'est pas nécessaire pour le renouvellement des colonies et le bon entretien du rucher. — Ces deux points essentiels observés, je garantis mon chiffre et je ne doute même pas qu'un apiculteur habile ne le dépasse. — Voilà donc un honnête bénéfice assuré : 10 francs par ruche : 10 ruches donneront 100 francs ! 100 ruches, 1,000 francs ! Et pour arriver à ce magnifique résultat, il n'est pas nécessaire de grands déboursés, de nombreux frais d'établissement, comme le demanderait l'exploitation d'une ferme. Il ne faut ni bœufs, ni charrues, ni engrais. Un essaim que vous paierez 15 francs vous rapportera 10 francs de bénéfice par an : 75 p. 100. Qu'en dites-vous ? Sortez donc de la routine, étudiez votre affaire, essayez des méthodes rationnelles, observez bien surtout les deux points recommandés, et vous verrez que je n'exagère rien.

CHAPITRE VI

FAMILLE DES ABEILLES

L'abeille mère ou reine. — Les mâles ou bourdons. — Les abeilles
ouvrières.

De la reine. — L'abeille mère est un peu plus grosse et
d'un grand tiers plus longue que les abeilles ouvrières
(fig. 1). Son ventre est plus développé et se termine plus
en pointe; sa couleur d'un brun doré, surtout en dessous,
ses ailes très petites, la distinguent de toutes les autres
abeilles. L'odeur suave de son corps attire les ouvrières à
elle; elle ne va jamais aux champs, ne travaille pas et ne
sort guère de la ruche qu'en deux circonstances : la première pour se faire féconder, deux ou trois jours après sa
naissance, l'accouplement ayant toujours lieu dans les
airs. Un seul accouplement la rend féconde pour toute sa
vie, dont la durée est de 4 à 6 ans. Sa ponte dure toute
l'année, excepté peut-être quelques jours des plus froids
de l'hiver. Les œufs qu'elle met au jour peuvent s'élever
de 80 à 100,000 ; elle en pond de 400 à 600 et jusqu'à
1,000 et plus par jour au printemps. La deuxième cir-

constance où elle sort de la ruche est lorsqu'elle s'envole à la tête de l'essaim pour fonder une nouvelle colonie.

Elle est armée d'un fort aiguillon, dont elle ne se sert que pour combattre ses rivales, car la Providence (pour la raison d'Etat) a mis au cœur de ces sortes d'abeilles une aversion qui les porte à se détruire jusqu'à ce qu'il n'en reste qu'une seule dans la peuplade.

De quel nom appellerons-nous cette abeille singulière, unique dans une colonie, plus grosse que toutes les autres, mère de toutes les autres ?... Nous l'appellerons *reine*, parce qu'elle l'est en effet par sa naissance, sa beauté, sa stature, par sa prodigieuse fécondité, par les respects, l'affection et le dévouement de la colonie pour sa majesté. En effet, n'est-elle pas l'image du Créateur au milieu de ses enfants ? Qu'elle gouverne ou ne gouverne pas, selon les sentiments divers, n'importe, *elle règne ;* elle est l'âme de la colonie, la seule nécessaire ; là où elle est est *l'Etat*. Sans elle la peuplade se dissout et périt. Le nom de *reine* est donc l'appellation qui lui convient par excellence [1].

Des mâles ou bourdons. — Les mâles ou faux-bourdons

---

[1] Le nom que des apiculteurs modernes, d'ailleurs très savants et habiles praticiens à tous égards, lui donnent, de *mère abeille, abeille mère, femelle développée*, outre qu'il est moins poétique, répond moins bien à l'importance qu'il faut attacher à l'existence de cette abeille unique et nécessaire à la colonie. Du reste, la dénomination d'abeille mère désigne mal l'abeille femelle qui n'a pas encore de progéniture. Dans ce cas, il y a changement de nom et confusion dans la dénomination, puisque alors il faut forcément l'appeler *femelle*, ce qui la confond avec l'ouvrière, qui est aussi du sexe féminin. Pour toutes ces causes, je maintiens comme plus noble et plus clair le nom de *reine* donné à l'abeille unique, mère et âme de la colonie.

sont facilement reconnaissables (fig. 2) à leur taille plus grande que celle des ouvrières, leur couleur plus noire, leur tête plus ronde, leurs yeux plus gros, et à leur bourdonnement plus fort, qui leur a valu leur nom. Ce sont de gros paresseux, parfaitement inoffensifs, puisqu'ils n'ont pas d'aiguillon, mais qui ne recueillent rien, ne font rien. Ils ne sortent de la ruche que par les temps chauds, de 11 à 3 heures ; on ne les aperçoit jamais sur les fleurs. Ils sont nombreux (400 à 2,000), afin que la reine en rencontre facilement un pour sa fécondation lorsqu'elle s'élance dans les airs à cet effet. La Providence, qui n'a rien fait sans dessein, a voulu peut-être qu'ils eussent une autre utilité ; par exemple, de tenir de la place dans un moment donné, comme après la sortie de l'essaim, et d'entretenir dans la ruche la chaleur nécessaire au couvain. Voilà sans doute pourquoi ils sont appelés *couveuses* par le dicton populaire. Pourtant cette dénomination n'est guère admissible, lorsqu'on sait que les bourdons ne se tiennent pas sur le couvain, mais qu'ils habitent de préférence les gâteaux où les abeilles emmagasinent le miel.

Aussi, lorsque la saison des essaims est passée, que les fleurs deviennent rares et que la disette de miel se fait sentir à la campagne, nos prévoyantes ouvrières commencent à donner la chasse à leurs grands fainéants, devenus à charge à la colonie par leur voracité. Bientôt (ordinairement à la fin de juillet), elles s'en défont impitoyablement. C'est un *tolle* général contre ces bouches inutiles. Dans les colonies bien organisées la présence des bourdons dépend de la récolte du miel. Ils sont chassés en mai et en juin, si les ouvrières ne trouvent point de récoltes. Si le miel manque absolument, la guerre est déclarée. Il arrive quelquefois qu'ils sont proscrits et ensuite tolérés ; c'est l'abondance qui est venue après la disette. La Providence, qui dispose tout avec sagesse, n'a point donné d'aiguillon aux bourdons, sans doute afin qu'on puisse les saisir plus facilement et venir en aide aux ouvrières pour la destruction de ces gros *viveurs* qui, ne travaillant pas, n'ont pas le droit de manger, selon le mot de saint Paul : *Non laborat, nec manducet* [1].

La colonie qui n'a pas la force de se défaire de ces gros dépensiers court à une perte assurée ; la famine l'aura bientôt ravagée. Dans ce cas, l'apiculteur soigneux fera bien d'aider ses ouvrières à faire disparaître ces consommateurs onéreux, lorsque le temps en sera venu, surtout lorsqu'il en verra parfois un tas comme le poing obstruant l'entrée des ruches ; mais c'est là un indice que la colonie est déjà bien malade.

Ouvrières pondeuses. — On rencontre quelquefois dans une ruchée des ouvrières pondeuses. Elles naissent dans le voisinage des cellules maternelles, où la bouillie dont les vers ont été nourris a été mêlée de quelque portion de gelée prolifique.

Les ouvrières pondeuses ne produisent que des œufs de bourdons. Elles n'ont pas besoin d'être fécondées pour pondre. Des expériences nombreuses ne laissent aucun doute sur ce point, pas plus que sur l'abeille mère, qui, sans avoir été fécondée, produit des œufs de bourdons.

---

[1] Il ne travaille pas, il ne faut donc pas qu'il mange.

Les reines ont pour les ouvrières pondeuses la même aversion que pour leurs semblables. Ces ouvrières pondeuses ne peuvent donc exister que dans des ruches privées de mères. Lorsque, six à sept semaines après la saison des essaims, on ne trouve que des couvées de bourdons dans une ruchée, cette circonstance dénote la présence d'ouvrières pondeuses. Celles-ci, lors même qu'elles déposeraient leurs œufs dans des cellules royales, sont impuissantes à donner une reine à la colonie. D'un autre côté, les bourdons ne sont jamais chassés d'une colonie qui ne produit que des individus de leur espèce.

Une colonie qui n'a que du couvain de bourdons indique qu'elle n'a pas de reine ; elle marche à sa ruine, et il faut ou la détruire ou la réunir à une colonie voisine.

Abeilles ouvrières. — Si l'abeille mère est la reine de la colonie, — les bourdons les gros bonnets, — les abeilles proprement dites forment, dit le vieil auteur comtois, le gros de la nation ; elles en sont le peuple. On leur donne le beau nom d'ouvrières. Les abeilles ouvrières sont des femelles dont l'ovaire n'est pas développé (fig. 3). A elles appartient l'exécution de tous les travaux de la ruche. Aussi portent-elles dans leurs petits membres un outillage complet. Sur leur tête triangulaire sont trois yeux, ou plutôt trois diamants à mille facettes, qui percent les ténèbres et distinguent longtemps à l'avance les variations du ciel et le petit nuage avant-coureur de l'orage.

Leur bouche, presque imperceptible, est armée de dents posées verticalement (c'est-à-dire dans un sens différent de celles de l'homme), dont elles se servent pour briser et polir la cire. Au-dessous de ces deux armes est la trompe, souple, mobile, avec laquelle elles sucent la liqueur miellée dont elles remplissent leur petite bouteille. Elles sont aussi pourvues de deux estomacs, l'un desquels est cette petite bouteille où elles élaborent le miel qu'elles dégorgent ensuite dans les alvéoles ; l'autre leur sert à digérer la nourriture et à convertir le miel en cire, laquelle sort en petites paillettes par les anneaux de leur ventre pour la construction des édifices. Elles ont six pattes disposées par paires, dont les deux dernières se distinguent par des *brosses* en dedans et par des corbeilles ou *pochettes* en dehors, dans lesquelles elles empilent le pollen qu'elles apportent en pelote à la ruche ; enfin elles ont des poils sur tout le corps, qui retiennent la poussière des fleurs dans lesquelles elles se roulent, indépendamment des brosses aux pattes pour la ramasser. Quatre ailes diaphanes les transportent, rapides comme le vent, dans leur domaine enchanté.

Pour protéger tant de petits membres, si bien coordonnés mais si frêles, la Providence a pourvu nos admirables insectes d'une arme défensive, un aiguillon vénéneux qui écarte d'elles tous les indiscrets qui voudraient troubler leurs travaux, et entoure leur habitation d'un religieux respect. Avec cette flèche redoutable, chaque abeille n'est pas seulement un artisan, c'est un soldat toujours armé pour la défense de la cité. Disons-le pourtant à sa louange, l'abeille n'est pas agressive de sa nature, ce n'est pas un *Malbroug s'en va-t-en guerre,* comme quelques gens le croient. Elle n'attaque que lorsqu'elle croit la famille en danger, c'est-à-dire lorsqu'on approche de son habitation d'un air hostile et qu'on veut l'y troubler. Mais, dans ses courses à la campagne, elle est complètement inoffensive. Si vous approchez d'elle, elle fuira sans songer même à se défendre. Bien plus, si vous placez du miel ou quelque sirop près du rucher, des milliers d'abeilles viendront prendre leur part du butin.... Eh bien ! vous pouvez secouer, enlever même ce rayon ou ce sirop sans crainte, vous ne risquez pas d'être piqué.... à moins que par une abeille que vous auriez pressée maladroitement entre vos doigts.

N'achevons pas cette physiologie des abeilles ouvrières sans dire un mot de *la durée de leur vie et des distances qu'elles parcourent.*

Le terme extrême de la vie de l'abeille ouvrière paraît être de 3 à 4 ans, mais elle arrive rarement à ce terme, et l'on peut conjecturer qu'une famille se renouvelle une ou deux fois par an, si l'on fait attention soit à la prodigieuse quantité de couvain qu'une ruche forte élève dans le courant d'une année, couvain qui se renouvelle tous les 25 jours, soit aux dangers de toute sorte que courent les ouvrières. Celles-ci deviennent la proie des oiseaux, des araignées et autres animaux ; celles-là sont surprises par des vents froids, des pluies, des orages, et ne peuvent rentrer ; d'autres se noient dans les eaux ; d'autres, enfin, les ailes usées ou fatiguées, après s'être chargées de pollen ou de miel, ne peuvent retourner à leur ruche et succombent victimes de leur dévouement.

Quant aux distances que parcourent les abeilles, nous nous élevons ici contre une erreur assez répandue, à savoir qu'elles vont butiner bien loin et ne parcourent pas moins de 3 à 4 lieues. Tel était l'avis de l'auteur comtois de 1763. — La vérité, c'est qu'elles ne s'éloignent guère que de 2 à 3 kilomètres de leur habitation. En effet, on voit une grande différence de récolte entre des ruches établies à cette distance. — Or, cette différence ne peut venir que de celle des fleurs qui se trouvent à portée de l'une ou de l'autre de ces ruches. — Les abeilles doivent donc trouver leur vie autour d'elles dans un rayon de 2 à 3 kilomètres [1]. Ces petits volatiles n'ont pas, comme nous, le libre échange des marchandises. Ils n'ont ni chemins de fer ni grandes routes à leur disposition. Les abeilles de France ne reçoivent ni miel ni sirop des abeilles d'Angleterre ou d'Amérique. Il faut donc qu'elles trouvent tout à leur proximité, sinon elles périraient de faim. Voilà pourquoi le nombre des colonies doit être en rapport avec la flore de la localité. Si on le dépassait, il y aurait disette dans les populations, et les profits seraient faciles à compter.

---

[1] M. le général de Mirbeck, qui avait peint en rouge quelques abeilles au moment où elles sortaient, a fait l'observation qu'elles mettaient de 9 à 12 minutes à faire leur cueillette.

CHAPITRE VII

CONSTRUCTIONS ET TRAVAUX DES ABEILLES

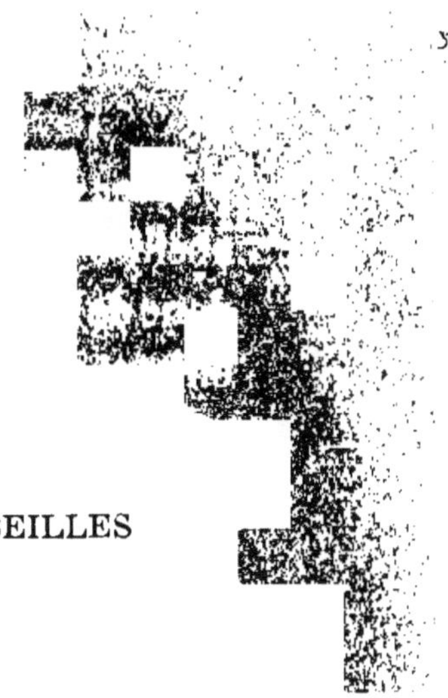

Rayons, cire, propolis, pollen, miel.

Maintenant que nous connaissons de quelles sortes d'individus se compose une famille d'abeilles, nous allons la voir à l'œuvre, car *à l'œuvre on connaît l'ouvrier.* Nous voici au printemps, à la saison où les fleurs commencent à devenir abondantes. Introduisons donc avec notre reine abeille nos ouvrières dans le logement qui leur est destiné. — Il n'y a pas de bourdons, il est vrai, à cette époque de l'année, mais notre colonie n'en a nul besoin, la reine ayant déjà été fécondée.... Les voilà installées !.... De quoi vont-elles s'occuper d'abord ? De préparer leur logement, le nettoyer, en enlever les rugosités. Cela fait, elles se hâtent d'édifier quelques constructions.

Rayons, gâteaux, couteaux de miel. — Les édifices des abeilles servent à trois fins, d'abord de logement pour elles-mêmes, puis de berceau pour le couvain, et enfin de magasins pour les vivres. Ces édifices s'appellent rayons, gâteaux, couteaux de miel.

4

C'est dans la partie la plus élevée de la ruche que les abeilles commencent leurs constructions ; elles bâtissent donc de haut en bas, mais elles peuvent construire de bas en haut. Dans ce cas, le travail va moins bien. Pour déterminer les ouvrières à travailler dans les calottes, il est bon de fixer un rayon indicateur au sommet de la ruche.

Il y a toujours un centimètre d'intervalle entre chaque rayon, *ni plus ni moins ;* cette distance suffit pour leurs allées et venues. Quant à la forme des rayons, ce sont des espèces de gaufres composées de chaque côté de cellules de forme hexagone (6 faces). Ces cellules sont de deux grandeurs ; les plus petites servent de berceaux aux ouvrières, les plus grandes aux bourdons ; mais toutes peuvent aussi servir de magasins aux provisions de bouche, c'est-à-dire au pollen et au miel.

Outre nos deux espèces d'alvéoles, il en existe encore d'autres qui ne ressemblent en rien à celles de mâles et d'ouvrières ; ce sont celles où doivent être élevées les reines. Ces alvéoles sont tournées de bas en haut et ont la forme d'un gland ; elles sont construites irrégulièrement et placées ordinairement sur le bord des gâteaux, ou quelquefois au milieu, lorsqu'il y a des passages ouverts. Une seule de ces alvéoles royales pèse plus que cent cellules d'ouvrières, mais leur nombre n'est pas grand ; il s'élève de cinq à vingt, selon la forme de la ruche.

Couvercle des alvéoles. — Les alvéoles, quand elles sont pleines, sont fermées d'un couvercle. Lorsque c'est du miel, le couvercle est blanc et plat ; lorsque ce sont des nymphes d'ouvrières, il est jaunâtre et bombé, plus bombé encore pour les bourdons. Enfin, si le couvain est desséché ou péri, il est concave dans le milieu. Un peu d'habitude met facilement au courant. (La figure 4 indique un rayon renfermant les trois espèces d'alvéoles ou cellules, les unes ouvertes, les autres operculées.)

Cire. — La cire n'est autre chose que le miel travaillé, épuré dans le corps de l'abeille. Celle-ci le transsude au travers d'une pellicule blanche qui se trouve dans la partie inférieure de son corps. Il se moule entre les six anneaux du ventre, et lorsque l'ouvrière se donne une certaine agitation, elle fait sortir la cire de ces anneaux sous forme de petites lames diaphanes. L'abeille, avec une de ses pattes de derrière, saisit ces lamelles, les porte à sa bouche, et, après leur avoir fait subir un travail de mastication, les emploie aussitôt à la construction des rayons.

Propolis (de *pro* et *polis*, deux mots grecs qui veulent dire : *devant la ville*). — La propolis est une espèce de gomme résineuse d'un rouge brun, dont les abeilles se servent pour mastiquer leur demeure, leur cité, consolider leurs édifices et boucher les fissures de la ruche, surtout dans le bas, pour empêcher l'eau et le vent d'y pénétrer. C'est surtout à la fin de l'été que les abeilles recherchent cette matière, pour coller la ruche au tablier et boucher les ouvertures. Elles la ramassent comme le pollen dans les corbeilles de leurs pattes de derrière, et la déposent, non dans des alvéoles, mais par petits tas sur le tablier. La propolis est recueillie sur les arbres à substance visqueuse, comme le peuplier, l'orme, le saule, le bouleau. Lorsqu'on loge un essaim dans une ruche qui a déjà servi, et enduite de propolis, il faut bien se garder de l'enlever, car les abeilles trouvent là une grande avance pour leurs travaux.

Pollen. — Le pollen est la poussière que les abeilles récoltent sur les étamines des fleurs. Elles le recueillent dans les corbeilles ou poches dont sont munies leurs pattes de derrière, et le déposent dans les cellules les plus rapprochées du couvain. Le pollen est rouge, blanc, noir, et le plus souvent jaune. Il sert de nourriture au couvain, après avoir été mélangé avec du miel pour former une sorte de pâtée.

La récolte du pollen occupe une grande partie des ouvrières au moment de la grande ponte de la reine; on juge de la valeur d'une ruche par la quantité de pollen qui y est apportée. Une ruche où les ouvrières n'apportent pas de pollen n'a pas de reine ou en a une inféconde, et c'est une ruche perdue.

Quelquefois le pollen emmagasiné dans les rayons peut s'avarier; alors les abeilles s'efforcent de le jeter dehors. Le mauvais pollen, qu'on appelle *rouget*, doit être enlevé avec soin des rayons de miel, parce qu'il lui communique un goût âcre et tout à fait désagréable.

Miel. — Le miel est cette substance douce et sucrée qui paraît sous forme fluide et que les abeilles recueillent sur le pistil et l'ovaire des fleurs, ou sur les feuilles ou les tiges de quelques arbres qui, dans les temps chauds et un peu humides, se couvrent par transsudation d'une espèce de manne. Cette transsudation des arbres s'appelle *miellée*. Le miel vierge est celui qui est déposé dans des cellules qui n'ont jamais servi de berceau au couvain. — Les abeilles recueillent le miel tel qu'elles le trouvent. Elles ne changent rien à sa nature et ne font qu'en recueillir les sucs pour leur usage. La différence des miels ne provient que de la différence de leurs sources. Un terrain abondant en herbes aromatiques en fournira d'excellent, et un autre fertile en arbres et en herbes communes en donnera de plus médiocre. Ainsi le miel des montagnes (toutes choses égales) est supérieur à celui des plaines, et celui des plaines au miel des vallées marécageuses. Le miel des terres légères est préférable à celui des terres fortes. Telle est la raison de la supériorité des miels du mont Hymète chez les anciens, et, chez nous, des miels de Chamounix, du Suchet, du Mont-d'Or, etc. On peut diviser, pour sa qualité, le miel en cinq classes, selon les plantes : les miels 1° de thym, 2° de sainfoin, 3° des prairies et forêts, 4° de colza et des terres à blé, 5° de sarrasin, le moins bon des miels, mais le plus abondant.

CHAPITRE VIII

MULTIPLICATION DES ABEILLES

Couvain, ou l'abeille à l'état d'œuf, de larve, de nymphe. — Grande ponte de la reine. — Indices de l'essaimage. — Essaims premiers, seconds, etc. — Fin de l'essaimage.

Nous venons d'étudier les admirables travaux de notre jeune colonie d'abeilles. Déjà la cité est pleine d'édifices ; le miel et le pollen y regorgent. C'est l'œuvre de nos ouvrières. Mais, tandis qu'elles se livraient à un travail incessant, leur reine ne restait pas oisive ; elle donnait à l'Etat une multitude de nouveaux citoyens. C'est par plusieurs centaines qu'elle produisait chaque jour ses œufs, qu'elle déposait dans autant de berceaux ou alvéoles préparés à l'avance, et d'où devait sortir une grande quantité de jeunes abeilles, espoir de la colonie. Etudions donc les diverses phases ou transformations que subit l'abeille avant d'arriver à l'état d'insecte parfait.

Couvain. — On appelle couvain la progéniture de la reine quand elle n'a pas encore acquis son entier développement, c'est-à-dire lorsqu'elle est encore à l'état d'œuf, de larve ou de nymphe. La mère abeille ne pond que deux sortes d'œufs, mâles et femelles, quoiqu'il en doive sortir trois sortes d'abeilles, comme nous le verrons tout à l'heure. De l'œuf d'un blanc bleuâtre, mais presque imperceptible, que la mère dépose au fond de l'alvéole, éclôt, par la seule chaleur de la ruche, un petit ver blanc ou *larve*, sans pieds, auquel les ouvrières apportent une bouillie composée de pollen et d'un peu de miel mêlé d'eau. Lorsque le vermisseau a acquis tout son développement et rempli la cellule, les abeilles le ferment par un couvercle bombé. C'est dans cette prison que le ver, après avoir filé une coque dont il s'entoure, se change en chrysalide ou *nymphe*. On appelle nymphe l'état de mort apparent dans lequel passe la larve de presque tous les insectes avant d'acquérir son dernier développement. La nymphe des abeilles est blanche ; elle passe quelques jours sous cette forme, puis bientôt brise son enveloppe et la voilà abeille ; les ouvrières la lèchent, lui offrent du miel avec leur trompe, et bientôt elle s'essaie et se met à l'ouvrage.

La bouillie donnée aux larves royales est bien différente de celle donnée aux bourdons et aux ouvrières ; elle est moins fade et légèrement aigrelette ; elle est en telle abondance qu'elles ne la consomment jamais toute, tandis que celle du commun des abeilles est distribuée avec une si sévère économie qu'il n'y en a jamais de reste.

Les jeunes reines ne sont que seize jours à naître, les ouvrières vingt-un, et les bourdons vingt-quatre. Une température plus ou moins chaude peut hâter ou retarder le temps moyen fixé par la nature pour le développement de l'abeille.

Grande ponte de la reine. Essaimage. — Ces détails donnés sur les diverses transformations de l'abeille pour arriver à son entier complément, revenons à la hâte à notre jeune colonie, pour admirer comme elle se multiplie et comment ses nombreux habitants, ne pouvant plus tous loger dans la mère patrie, vont fonder de nouvelles cités.

Nous sommes à l'entrée du printemps (mars et avril). C'est le moment de la grande ponte de la reine. Les édifices regorgent de couvain ; les *pourvoyeuses* et les *nourricières* suffisent à peine à élever une si nombreuse progéniture. A la ponte des œufs d'ouvrières succède celle des œufs des mâles, qui sont déposés dans des alvéoles plus grandes, comme on sait (fig. 4). A la vue du couvain des faux-bourdons, les abeilles construisent une nouvelle espèce de berceaux tournés verticalement (de 12 à 20), plus spacieux et surtout beaucoup plus épais que les autres ; ce sont les alvéoles de reines (fig. 4). La mère abeille y dépose, à quelques jours d'intervalle, des œufs de femelles. Déjà les bourdons commencent à paraître dans la ruche. Partout la population est exubérante. Tout ce monde, que chaque jour voit s'accroître, ne peut tenir dans le logis ; il faut qu'un grand nombre habitent dehors, et fassent *barbe*, comme on dit, à l'entrée de la ruche. — Déjà aussi les nymphes royales sont à la veille de se transformer. A leur vue, à la vue de ses rivales, la reine entre en fureur, elle s'agite, court çà et là ; son agitation se communique à toute la famille, et le trouble devient général. — C'est alors que la peuplade songe à un parti extrême, à quitter la cité chérie, si abondamment fournie de provisions. Au moment d'émigrer, les abeilles ouvrent les magasins, se gorgent de miel, courent et se croisent en tous sens. La chaleur de la ruche est extrême ; la température est lourde et à l'électricité. Alors toutes les abeilles se précipitent à flots pressés par la porte de la ruche, devenue trop étroite. C'est une débâcle générale, un sauve-qui-peut des abeilles qui s'élancent dans les airs.

Voilà le premier essaim, ou essaim primaire : laissons-le pour quelques moments et continuons à nous occuper de la mère patrie, qui vient de perdre sa reine et la plupart de ses habitants adultes.

Au moment du départ de l'essaim, la moitié des abeilles, environ, étaient aux champs. Elles rentrent successivement dans la ruche, qui se trouve encore bien forte, soit par le retour des absentes, soit par le nombreux couvain qui éclôt d'heure en heure. Les abeilles ont soin de souder le couvercle de l'alvéole de la reine qui doit éclore la première et succéder à celle qui a émigré. Cette jeune reine reste captive quelques jours ; elle ne reçoit de nouriture qu'en allongeant sa trompe dans le couvercle percé de sa prison. Alors elle fait entendre à de fréquents intervalles ces sons plaintifs qu'on appelle *le chant de la reine.* Ce chant est facile à distinguer en appliquant l'oreille contre la ruche ; il ressemble assez au son du diapason lorsqu'il est répété coup sur coup, ou encore au chant du grillon ou de la cigale. — Après quelques jours de captivité, l'aînée des jeunes reines reçoit enfin sa liberté. Aussitôt elle veut s'en servir pour détruire ses rivales au berceau ; mais celles-ci sont protégées par un grand nombre d'abeilles qui les gardent assidûment et écartent la reine en la mordant, la harcelant de toutes manières. Celle-ci, maltraitée, parcourt la ruche avec rapidité, communique son agitation aux ouvrières ; la confusion devient générale et le deuxième essaim part. — La deuxième émigration a lieu au bout de sept, huit ou neuf jours (quelquefois douze ou quinze jours, si le temps a été défavorable). On peut s'attendre à la sortie du troisième essaim, si, le soir ou le lendemain matin, on entend le chant d'une autre reine. — Le troisième essaim part ordinairement quatre jours après le deuxième ; et le quatrième, le lendemain du départ du troisième.

A la fin, le nombre des ouvrières se trouve si affaibli qu'elles ne peuvent ou ne veulent pas garder les alvéoles royales. Les reines qui sortent de leurs prisons se livrent un duel à mort, et celle qui demeure victorieuse règne paisiblement et seule sur la peuplade, qui ne donnera plus d'essaims [1].

---

[1] A propos de l'antipathie des reines entre elles (antipathie qu'il n'admet pas), M. l'abbé Bailly m'oppose mon assertion énoncée plus haut, à savoir, que les abeilles sont des modèles de vertus pour l'homme. J'ai dit des modèles de travail, d'ordre, de dévouement au bien public. Mais je ne veux pas qu'on presse trop l'application. Ainsi, sans doute, il y a quelque chose de cruel dans la fureur des reines entre elles et leurs duels ; de même dans l'extermination des bourdons par les ouvrières. Mais il ne faut pas oublier que dans la république des abeilles, *la raison d'Etat* est le grand mobile de leurs opérations, l'*ultima ratio*.

Du reste, ces duels des reines, M. l'abbé Bailly ne les admet pas.

Cas où une colonie ne donnera pas d'essaims ou n'en donnera qu'un. — Les conditions indispensables pour l'essaimage sont : une population forte et vigoureuse, l'apparition des bourdons en certain nombre, quelque reine au berceau et un temps favorable. Si la colonie est faible en provisions et en population, si on agrandit à temps son habitation, les abeilles ne songeront pas même à bâtir des alvéoles royales. Dans ce cas il n'y aura pas d'essaimage.

Autre cas. — Les provisions seraient-elles abondantes et la population nombreuse, si le temps est défavorable,

Il a vu souvent deux reines dans la même ruche; ce qui est prouvé, dit-il, par la séparation très régulière des gâteaux. Cet état de choses peut durer jusqu'à l'automne, où les abeilles se groupent au même endroit de la ruche à l'arrivée des premiers froids.

Ce sont les ouvrières, dit encore cet observateur, qui massacrent ou étouffent les reines sous leurs étreintes, par exemple dans les essaims seconds, peu après que l'essaim a été réuni dans les ruches, ou lorsque les reines, au retour de leurs excursions, se trompent de ruches en rentrant, ce qui arrive quelquefois dans les grands ruchers.

Pour mieux s'assurer de l'exactitude de ses observations, M. Bailly, sur ma demande, s'est livré à de nouvelles recherches très nombreuses. Il a remarqué, sur la fin d'avril 1874, que cinq ou six colonies s'étaient défaites de leurs vieilles reines pour en établir d'autres. Je dois ajouter que j'ai eu occasion de remarquer à la même époque qu'une colonie étouffait sa reine en l'étreignant comme dans un faisceau et l'entraînait hors de la ruche.

A cette occasion, je citerai encore le témoignage du premier apiculteur de la Lorraine, M. l'abbé Collin, qui ne veut pas qu'on parle avec trop d'assurance sur la question des vieilles reines. « La mort et le remplacement des vieilles mères, dit-il, voilà une des grandes obscurités de l'histoire naturelle. J'ai cherché inutilement à y voir un peu clair. D'autres apiculteurs, plus capables et plus persévérants, finiront, j'espère, par découvrir ce secret des abeilles. »

c'est-à-dire s'il est journellement pluvieux ou froid au moment de l'essaimage, l'émigration n'aura pas lieu, car la mère abeille détruira au berceau les jeunes reines près d'éclore.

Il n'y aura qu'un essaim dans les cas suivants : si le premier essaim arrive lorsque la saison des fleurs touche à sa fin ; si la colonie est trop affaiblie par le premier essaim ; si on agrandit à temps l'habitation ; si le temps devient mauvais au moment où l'essaim est prêt à partir et que la reine parvienne à détruire ses rivales au berceau.

Nous verrons plus tard qu'il est souvent avantageux d'empêcher l'essaimage et comment on en vient à bout ; que, en tout cas, il ne faut qu'un essaim par ruche ; par conséquent, qu'il est toujours avantageux, lorsqu'il arrive un essaim secondaire, de le rendre à la mère ruche.

CHAPITRE IX

MALADIES DES ABEILLES

Remèdes. — Ennemis. — Pillage.

Qu'on ne s'effraie pas du titre de ce chapitre, ce n'est nullement un traité de médecine à l'usage des abeilles que nous voulons faire ici. Heureusement, leurs maladies sont rares ; bien plus, il n'y en jamais dans les ruches populeuses et suffisamment approvisionnées. N'ayez donc que de bonnes colonies, et vous n'aurez pas à vous inquiéter de l'hygiène de vos mouches à miel ni des remèdes à leur fournir. Prenez garde seulement que l'air ne leur manque et qu'elles ne soient par trop renfermées. Dans ce cas, la dysenterie serait à craindre.

Dysenterie. — Les abeilles, dans leur habitation, sont d'une propreté exquise ; jamais elles ne saliront ni les rayons ni les parois de leur ruche. C'est au dehors qu'elles se débarrassent. Voilà pourquoi il est préférable de les laisser en hiver dans le rucher, la porte au moins entr'ouverte. Aussi lorsqu'elles sortent par un beau jour d'hiver, après avoir été retenues deux ou trois mois prisonnières par le froid, elles ne respectent ni vos habits ni le linge étendu devant le rucher. C'est là l'effet d'un séjour prolongé dans la ruche, mais non d'une maladie. La dysenterie, qui ne paraît guère qu'au printemps, n'existe que lorsqu'elles laissent tomber leurs déjections sur les parois, le tablier de la ruche, sur les rayons ou même sur leurs compagnes, qu'elles engluent. Ce mal n'arrive que dans les colonies misérables, qui ont reçu des sirops aqueux dans une saison froide ou qui ont été atteintes par l'humidité. En effet, l'humidité corrompt leur nourriture et vicie l'air qu'elles respirent. Respirer un air pur est une condition de santé pour cet insecte aérien comme pour nous. Aussi, pour guérir les abeilles de la dysenterie, des observateurs disent qu'il suffit de faire pénétrer de l'air pur dans la ruche, soit en la renversant sens dessus dessous, soit en plaçant des cales sous la ruche malade. M. Bailly, de Domprel, guérit ses abeilles atteintes de la dysenterie avec un sirop composé de miel, de sucre et de bon vin qu'il fait bouillir. M. Hamet prétend qu'il vaut mieux boire le vin soi-même.... Quoi qu'il en soit, le meilleur parti à prendre, si la colonie est fortement atteinte, est de la réunir à une autre peuplade.

Loque ou pourriture du couvain. — Cette maladie n'atteint que les ruches à dimensions trop larges, où la chaleur ne peut se conserver, ou bien dont la population est trop faible. On doit se hâter d'enlever le couvain gâté, ou, si le mal est trop grand, détruire les rayons, pour que les abeilles aillent se faire *naturaliser* dans les colonies voisines.

La loque, rare chez nous, est une maladie très connue en Allemagne, surtout parmi les possesseurs de ruches à cadres mobiles. Un grand amateur de ces sortes de ruches, le baron Berlepsch, est forcé de faire cet aveu.

Ennemis des abeilles. — Il en est des ennemis des abeilles comme de leurs maladies. Lorsque les colonies sont populeuses et bien approvisionnées, quelques abeilles individuellement peuvent devenir la proie de leurs ennemis, mais collectivement la colonie n'a rien à craindre ; elle saura bien se défendre et résister aux attaques des assaillants. Ce principe émis, cherchons les ennemis des abeilles et la manière de les combattre.

Fausse teigne. — Voici le plus redoutable fléau des abeilles. C'est une espèce de propagande occulte, une franc-maçonnerie ténébreuse, une invasion organisée sourdement à l'intérieur de la ruche par une espèce de chenille établie au cœur des rayons. On la nomme *fausse teigne.* Elle provient d'un œuf déposé par un papillon de nuit (phalène), de couleur grisâtre avec de petites taches noires. Le soir on voit ces papillons voltiger autour des ruches et chercher à surprendre la vigilance des gardes. De jour on les trouve immobiles soit sur le bord des ruches, soit dans les interstices des cordons de paille, soit sous le tablier ou ailleurs. C'est là qu'il faut les écraser lestement avec le doigt, car au moindre contact ils fuient avec agilité.

Lorsque ce papillon, qui rôde toute la nuit autour des ruches, parvient à s'y glisser (ce qui n'arrive que dans les colonies faibles et mal gardées), il dépose ses œufs dans les rayons vides. De chaque œuf éclôt, à la chaleur même de la ruche, une chenille à tête écailleuse, qui s'enferme bientôt dans un tuyau de soie blanche impénétrable à l'aiguillon des abeilles ; puis elle avance alors sa tête hors de sa galerie sans redouter aucune piqûre, mange tout ce qui se trouve devant elle, miel et cire, et continue d'allonger son tunnel au fur et à mesure de ses besoins. Elle perce ainsi les édifices, et si les abeilles sont trop peu nombreuses pour s'opposer à ses ravages, tout est perdu. Les cellules sont ouvertes et détruites, le miel coule mêlé aux débris de cire hachée ainsi qu'aux excréments de cette horrible engeance.

On reconnaît facilement l'invasion de la fausse teigne à la malpropreté du tablier, couvert de débris de cire hachée, de miel écoulé et d'une poudre noire, qui est l'excrément de ces vilaines bêtes.

Chaque fois que ces indices se révèlent, il faut opérer une descente de lieux et détruire impitoyablement les rayons ou parties de rayons atteints, ou, si le mal est trop grand, il faut s'emparer de la peuplade, la réunir à une autre et vider entièrement la ruche [1].

Voici quelques précautions à prendre contre l'invasion de la teigne : ne laisser aux ruches qu'une capacité con-

---

[1] Observons en passant que la cire récoltée en gâteaux au printemps, mais qu'on voudra ne façonner qu'en automne, devra être mise en sac et conservée à la cave, sans quoi elle deviendrait à coup sûr la proie de la fausse teigne. — On ferait mieux encore de lui faire subir une première ébullition, sauf à terminer la besogne plus tard. Quand elle a subi cette première fonte, elle n'a plus à craindre la fausse teigne. — Cette note doit être prise en considération sérieuse, sinon on éprouverait bien des déboires avec la vieille cire abandonnée dans le rucher.

venable ; nettoyer leurs tabliers au printemps, ainsi que les bords inférieurs des'ruches, où sont ordinairement déposés les œufs des papillons ; n'avoir que des tabliers sans gerçure ; visiter, si on a des doutes, les mères ruches après l'essaimage, pour détruire ces parasites malfaisants ; quelquefois rétrécir l'entrée des ruches ; luter ou calfeutrer avec soin le bas des ruches ; ne conserver que de fortes colonies, etc. Avec ces petites attentions, on aura peu à craindre de ce redoutable ennemi, le désespoir des apiculteurs négligents.

Poux des abeilles. — Cet insecte se tient sur le corselet des abeilles, et vit à leurs dépens. Il va d'une mouche à l'autre avec une étonnante facilité. Il a une préférence marquée pour la reine, dont le corselet en est quelquefois tout couvert. Il faudrait de toutes petites pincettes pour détruire ce parasite, qui ne paraît pas être bien nuisible aux abeilles.

La souris, le mulot, la musaraigne, sont les ennemis d'hiver des abeilles. Ils s'introduisent dans les ruches par l'entrée, quand elle est assez large, ou percent celles en paille et profitent de l'engourdissement des abeilles pour y faire leur nid avec des feuilles sèches et tout dévorer, miel, cire, abeilles.

La principale précaution à prendre pendant l'hiver contre la gent rongeuse, c'est de fermer les ruches de manière qu'elle ne puisse s'y introduire, sans toutefois intercepter l'air dont les abeilles ont besoin. Les pièges et le poison sont les moyens auxiliaires du chat, qui joue ici le principal rôle, quand le rucher est près de la maison.

Parmi les autres ennemis des abeilles, mais qui attaquent plutôt les individus que la colonie elle même, on cite encore :

Les araignées. — L'apiculteur qui a l'œil ouvert sur son rucher les détruit et brise leurs toiles où s'enlacent les abeilles.

Les grenouilles et crapauds. — Ce hideux reptile est plus dégoûtant que nuisible ; il doit être éliminé du voisinage des abeilles, qu'il gobe à leur passage.

Les fourmis. — Quoiqu'elles n'attaquent que les ruches mal gardées, il faut exterminer les fourmilières qui sont près du rucher en y versant de l'eau bouillante.

Les guêpes et les frelons. — En coulant du soufre dans leurs repaires, ou encore en plaçant en avant du rucher des bouteilles débouchées à moitié remplies d'eau miellée, où elles viendront se noyer par centaines, sans que les abeilles touchent à ce dangereux appât.

Guerre des abeilles entre elles, pillage, etc. — A cette énumération des ennemis des abeilles il faut ajouter encore les abeilles elles-mêmes. Si les individus d'une même colonie vivent dans la plus parfaite intelligence, comme nous l'avons déjà signalé, il n'en est pas toujours ainsi des colonies ou tribus entre elles. Ces diverses peuplades, qui forment autant d'Etats distincts les uns des autres, ont aussi, comme chez nous, leurs guerres offensives et défensives, leurs attaques et leurs résistances. La guerre est souvent poursuivie à outrance ; c'est une ligue contre une colonie malheureuse, et là aussi le plus faible finit par succomber en vertu de la loi du plus fort.

La guerre entre les abeilles ne survient guère qu'à la

suite de la récolte du miel ou dans les ruches sans reine.

On peut dire qu'il y a tentative de pillage lorsqu'on voit des abeilles, voltigeant d'une ruche à une autre, chercher à surprendre les sentinelles. Elles ne s'adressent guère qu'aux ruches orphelines ou trop faibles; ailleurs elles trouveraient des sentinelles vigilantes qui leur feraient expier durement leur audace.

Comment secourir une ruche au pillage. — Il faut se dépêcher et accourir au premier signal de l'invasion, se hâter de rétrécir la porte de la cité de manière à ne laisser passage qu'à deux ou trois abeilles de front et même moins, pourvu qu'on laisse assez d'air pour prévenir l'asphyxie, asperger ensuite d'eau froide le tablier ainsi que les assaillantes. Mais si celles-ci se rendent maîtresses de la place et commencent le pillage, enlevez vite la ruche et isolez-la en l'enveloppant de quelque étoffe. Si les provisions ont peu souffert et que la reine n'ait pas péri, ce qu'on reconnaît au bruissement des abeilles à l'entrée de la ruche, reportez-la à sa place le lendemain au soir. Dans le cas contraire, emparez-vous des provisions qui restent, miel et cire, sans vous inquiéter des abeilles, qui seront reçues en suppliantes dans les ruches voisines.

Outre ces guerres d'invasion, il y en a une autre, *pillage latent,* que certaines abeilles commettent furtivement dans les ruches voisines. Rien n'annonce ces larcins ; pourtant les faits sont là. Il m'est arrivé de rencontrer dans mon apier des ruches aussi lourdes à la fin de l'hiver qu'au mois d'août, fait qui ne peut s'expliquer que par les vols secrets dont nous parlons. Il est reconnu aussi que certains ruchers plus heureux prospèrent aux dépens de leurs voisins.

Causes du pillage. — Les colonies faibles en population, mais bien fournies de miel, celles qui ont perdu leur reine, sont plus exposées à être pillées. Mais le plus souvent le pillage arrive par la faute de l'apiculteur. Ainsi, il le provoque lorsqu'il étale ou laisse devant les ruches des rayons où il reste quelques gouttes de miel ou de sirop ; lorsqu'il néglige de porter à la maison, au fur et à mesure qu'il les détache, les gâteaux des ruches ; lorsqu'il nourrit de jour ses colonies sans prendre la précaution d'empêcher l'accès des étrangers.

Mais le danger est bien plus grand quand on fait quelque récolte de miel à une époque avancée de l'année, où la campagne est stérile pour les abeilles. Alors il faut des attentions minutieuses pour ne pas provoquer des guerres terribles et désastreuses. Je n'oublierai jamais le spectacle tragique dont j'ai été témoin les premiers jours du mois de septembre, il y a quelques années, chez M. le curé de Buthiers, mon voisin, apiphile comme moi, et qui donne à son petit rucher les soins les plus intelligents et les plus paternels. J'arrivais au presbytère à trois heures du soir. Je suis étonné d'entendre au jardin un grand bourdonnement : je regarde, et je vois l'air obscurci d'une multitude d'abeilles allant et venant avec précipitation. J'approche du rucher, et quelle est ma surprise de le voir obsédé par une immense multitude de mouches à miel accourues de tous les ruchers voisins.... C'était une invasion, un pêle-mêle impossible à décrire. La lutte était formidable. Pendant que quelques-unes étaient réunies en masse pour attaquer ou se défendre, d'autres se battaient corps à corps, dardaient leur aiguillon envenimé pour l'enfoncer dans le corps de l'ennemi. La terre tout autour du rucher était jonchée de morts et de mourants.... Qu'était-il donc arrivé?... Une des plus grosses ruches avait été envahie et était livrée au pillage. J'ai cru un instant que c'était fait du rucher, tant l'espoir du butin avait attiré un nombre immense de pillardes.

Saisis d'effroi sur l'avenir de l'abeiller, nous nous sommes hâtés de rétrécir les entrées de toutes les colonies et nous avons apporté à l'écart, après l'avoir enveloppée soigneusement, la peuplade devenue la proie des vainqueurs.... Hélas ! il était trop tard. Cette ruche, si belle, si populeuse, pourvue de magasins si bien remplis, cette ruche, en un mot, il y a quelques heures l'orgueil du rucher, n'était plus qu'un spectacle de ruine. Tout, jusqu'aux alvéoles, avait été détruit ; il ne restait de ces riches édifices qu'une cire ébréchée gisant à terre.

Quelle était donc la cause de ce pillage d'une ruche si capable de se défendre ? La voici : la peuplade n'avait pas essaimé ; elle renfermait un monde exubérant. Quoique la ruche fût à vastes proportions, on avait été obligé de lui donner une hausse pour fournir de la place au travail des abeilles : jusque-là, tout était très bien. Mais on venait de juger à propos d'enlever la hausse avec quelques rayons de miel de la ruche elle-même ; quelques gouttes de la liqueur sucrée avaient coulé sur le tablier. L'opération s'était faite en avant du rucher, au milieu d'un beau jour, à une époque où la campagne ne fournissait plus rien aux abeilles. L'odeur du miel avait attiré les étrangères, qui, bientôt accourues de toutes parts, écrasèrent de leur nombre la colonie si inopinément assaillie. La multitude des corps morts étendus sur la poussière témoignait de l'acharnement de la lutte. Frappés de ce spectacle, nous nous sommes promis de profiter de la leçon. Il faut quelques faits de ce genre pour compléter l'éducation apicole de l'ami des abeilles.

CHAPITRE X

LOGEMENT DES ABEILLES

Rucher. — Son exposition. — Rucher en plein air. — Surtout. —
Rucher couvert.

Le choix du local pour l'établissement du rucher, appelé aussi apier ou abeiller, n'est pas une affaire indifférente; bien loin de là. C'est souvent une question capitale, de laquelle dépendent les profits de l'apiculteur. Il importe donc de bien fixer son choix.

Le nord, excepté peut-être dans les contrées méridionales, est une mauvaise exposition. Le couchant ne vaut rien non plus, à moins que quelque conformation de terrain ne le fasse adopter. En général, l'exposition du sud-est (coup des 10 heures) est la meilleure, parce qu'elle abrite mieux contre les orages, les pluies et le soleil trop ardent. Il est bon que le soleil levant touche vos ruches et les échauffe légèrement. L'exposition au midi les échaufferait trop et ferait couler le miel en été. Ne l'adoptez donc pas, à moins que vous n'ayez un local qui soit ombragé en été, ou que des planches en avant des ruches ou la toiture avancée ne les tiennent à l'ombre [1].

Ayez soin aussi de placer votre abeiller dans un lieu abrité de la bise par un côteau, un mur, des arbres ou une haie élevée. On comprend que le voisinage d'un vaste étang, des maisons trop élevées, qui gêneraient les abeilles lorsqu'elles sortent ou rentrent, nuiraient à la prospérité du rucher.

Evitez aussi de planter en avant et trop près des ruches des légumes à haute tige ou des arbres trop élevés, et tenez bien propre et sarclé jusqu'à la distance d'un mètre le sol qui est devant le rucher, car les moindres herbages pourraient empêcher de se relever l'ouvrière que le vent ou la fatigue a jetée à terre. Ayez soin aussi de tenir votre rucher propre ; que l'araignée n'y tende pas ses toiles ; ne laissez jamais de vieux rayons ni de débris de cire, qui attireraient la fausse teigne.

Si vous observez fidèlement ces recommandations et qu'en outre votre rucher se trouve à proximité de belles prairies, tant artificielles que naturelles ; si aux fleurs

---

[1] C'est justement le contraire qu'on fait. La plupart placent leurs ruches de manière que les rayons du soleil tombent sur elles en été et même en hiver. Dans la saison des temps chauds, les abeilles ainsi placées sont en souffrance, leur cire se ramollit, le travail languit. Lorsque les froids arrivent, l'emplacement généralement adopté est encore nuisible; les rayons solaires, en tombant alors sur les ruches, réveillent les abeilles, les incitent à sortir, et par suite il en est un grand nombre qui, saisies par un courant d'air trop frais, tombent pour ne plus se relever. Celles assez heureuses pour échapper à ce danger rentrent dans leur habitation, tourmentées par la faim, et en peu de jours les provisions sont épuisées, et partant les bénéfices de l'apiculteur faciles à compter.

odorantes des vergers succèdent celles du tilleul ou des bruyères, si aimées des abeilles, ou quelques-uns de ces arbres qui suent la riche miellée, alors vous pourrez vous considérer comme placé dans la position la plus avantageuse et la plus digne d'envie.

Rucher en plein air. — Maintenant que vous avez fait choix d'un local pour votre rucher, nous allons nous occuper de la construction. N'avez-vous qu'un petit nombre de ruches et ne tenez-vous pas à en avoir davantage? Vous pouvez laisser votre rucher en plein air ; mais dans ce cas il faut un mur ou une haie qui abrite les ruches du côté du nord, et un *surtout* qui les préserve de la pluie et de l'ardeur du soleil.

Vous établissez votre rucher sur trois piquets hauts de 20 à 40 centimètres (celui de devant moins haut que les autres de 2 à 3 centimètres), ou simplement vous le posez sur trois cailloux ou encore un vase renversé sens dessus dessous. Quant à la *robe* ou *surtout* qui recouvrira la ruche, et qui devra être assez épaisse pour n'être pas traversée par la pluie, voici une manière de la faire : vous prenez cinq ou six poignées de paille de seigle que vous liez séparément du côté de l'épi avec une ficelle. Vous réunissez ensuite les poignées et vous les serrez fortement en faisceau au moyen d'une autre ficelle, et enfin avec un fil de fer, pour plus de solidité. Vous partagez ce surtout par le milieu et vous le mettez sur la ruche, qu'il couvre comme un parapluie. Vous coupez la partie de la paille vis-à-vis de l'entrée des abeilles ; vous passez un cercle par-dessus qui descend jusqu'au bas de la ruche. Ce cercle soutient le surtout contre les orages et les vents. Enfin vous placez une pierre plate ou un vase renversé sur le sommet, pour empêcher la pluie de pénétrer et lui donner plus de solidité (fig. 5).

Aimez-vous mieux un surtout tout fait ; prenez une feuille de zinc, assez large, que vous assujettirez sur la ruche au moyen d'une lave ou de briques.

Le rucher en plein air demande quelques soins de plus, mais il est économique et souvent plaît davantage aux abeilles, qui aiment l'isolement.

Vous pouvez aussi très bien employer soit une toile cirée, soit du bitume placé sur une simple volige d'un centimètre d'épaisseur. Comme prix, il revient à 80 centimes le mètre carré ; comme qualité, il faut demander celui désigné sous le nom de *carton chanvre bitumé et sablé*. — Il conserve très bien les ruches, et le bitume ne fond pas au soleil.

Rucher couvert. — Le rucher couvert offre des avantages incontestables. Il permet de gouverner les abeilles avec plus de facilité, de les visiter sans occasionner de dérangements. Les ruches y sont plus en sûreté et exigent moins de soins. Ajoutons aussi que l'apiculteur aime à voir toutes ses ruches sous ses yeux, que la surveillance en est plus facile. Enfin un rucher a un air d'ordre et d'arrangement qui plaît et qu'on ne rencontre point dans les ruches dispersées en plein air.

La forme et l'aspect du rucher dépendent du goût de l'amateur. En général, pourtant, une forme agreste va mieux au milieu d'un verger et doit avoir la préférence.

Quelque forme que vous donniez à votre rucher, il

faut, en tout état de cause, observer les deux recommandations suivantes : 1° l'établir à deux étages (trois au plus); les colonies d'un troisième et surtout d'un quatrième étage ne feraient que végéter. 2° Chaque étage aura 85 centimètres d'élévation (on laisse un espace de 20 centimètres environ entre le sol et le 1er étage). Ces distances sont nécessaires pour les diverses opérations apiculturales, comme de poser deux ruches l'une sur l'autre, etc. Avec des étages ainsi distancés, on pourra, lorsqu'il arrive beaucoup d'essaims, mettre provisoirement un rang de ruches, soit sur le premier, soit sur le deuxième étage.

Voulez-vous un rucher très économique ? Elevez deux rangs de piliers en acacia ou en chêne qui seront enfoncés de 40 à 50 centimètres dans la terre. Il y aura deux, trois, quatre rangs de piliers, selon l'étendue que vous voulez donner à votre rucher. Les piliers de chaque rang seront retenus l'un à l'autre par des traverses, à moins qu'il n'y ait un mur pour porter la charpente, ce qui dispensera d'un rang de piliers. Ces traverses soutiendront deux perches mises dans la longueur pour porter les ruches. D'autres traverses longitudinales seront placées au sommet des piliers pour porter la toiture. Lorsque la charpente sera construite, on établira un ou deux étages en observant les distances indiquées, je veux dire 85 centimètres entre chaque étage. Qu'il soit adossé à un mur ou non, il faut derrière le rucher une allée assez large pour qu'on passe à l'aise, afin de pouvoir visiter les ruches à toute heure, sans troubler les abeilles et sans en être inquiété.

Enfin, si le rucher a besoin d'être garanti des bises froides, des grandes pluies ou des ardeurs du soleil, vous pourrez employer des paillassons ou fixer des lambris pour la garniture des côtés et même des deux faces principales.

CHAPITRE XI

CONTINUATION DU LOGEMENT DES ABEILLES

Ruches ou paniers. — Ruches à calotte. — Ruches à hausses. —
Ruche vulgaire. — Ruches d'observation. — Ruches diverses. —
Tabliers. — Pourget. — Porte.

La ruche est le logis des abeilles ; si ce logis est habité,
on le nomme ruchée.

La meilleure ruche. — Voici de toutes les questions
d'apiculture la plus sujette à contestation, celle qui sera
à jamais un interminable sujet de débats. N'importe, nous
abordons avec plaisir ce chapitre difficile, en posant quelques données qui jetteront suffisamment de lumière sur
la question et guideront l'apiculteur dans son choix.

On demande d'abord quelle matière il faut employer
pour faire les ruches, puis si elles doivent être rondes ou
carrées, et enfin quelle est la meilleure ruche.

J'ai essayé des ruches de paille, de bois, de verre (du
moins pour la calotte), des ruches coniques, rondes, carrées, etc., et j'ai acquis la conviction que les abeilles
finissaient par s'accommoder de tout ce qui était mis à leur
disposition. Pourvu que la forme de la ruche ne soit pas

extravagante, comme trop étroite ou trop basse, et que les parois n'en soient pas trop minces, toutes les formes et matières peuvent passer. C'est à l'apiculteur à fixer son choix sur la matière la plus économique et la forme qui lui présentera le plus de facilité.

Voici pourtant deux points généralement admis et bien certains pour moi : le premier, que la paille, pour la construction des ruches, vaut mieux que le bois, parce que la paille conserve mieux une chaleur égale, le travail y est plus matinal et les essaims y sont plus précoces. (Je remarque que les abeilles logées dans mes ruches en paille sont plus matinales d'une demi-heure que celles logées dans mes ruches en bois.) Le deuxième point, c'est que la forme ronde est préférable à la forme carrée, parce qu'elle est plus facile à manipuler, plus conservatrice de la chaleur, que le couvain y réussit mieux [1], et que les bénéfices sont en proportion de la multiplication des abeilles.

Maintenant, si vous me demandez quelle est la meilleure ruche, je pourrais vous répondre : C'est celle qui est entre les mains de l'apiculteur le plus habile ; ce qui veut dire qu'un bon ouvrier tire parti d'un instrument médiocre, tandis que l'ignorant ne sait rien faire de l'instrument le mieux conditionné.

La meilleure ruche encore, c'est celle dont on a le moins à s'occuper et qui se suffit, sauf la calotte à placer

---

[1] Pour une raison toute mathématique. Dans la ruche carrée, tous les rayons sont égaux, par conséquent ceux du centre, n'étant pas plus grands que les autres, manqueront de chaleur, et le couvain y réussira moins bien,

selon le temps ; celle qui est tout à la fois la plus économique, la plus facile à manier et celle qui rapporte le plus
de bénéfices.... Mais cette ruche, quelle est-elle ?... Eh
bien, puisque vous voulez que je me prononce, c'est la
ruche à calotte. En effet, quel que soit le système des
ruches qu'ils adoptent dans leurs dissertations aux divers
comités d'agriculture, voilà la ruche que vous trouverez
dans les apiers des quelques apiculteurs habiles et intelligents, comme les Hamet, les Collin, les Bailly (de Domprel) et bon nombre d'autres qui raisonnent leur affaire,
connaissent leur art et réalisent de beaux produits et de
riches bénéfices.

Ruches à calotte. — Toute ruche en paille ou en bois
ayant une ouverture dans le dessus pour recevoir un vase
d'une certaine capacité est une ruche à calotte. Le vase
qu'on place à volonté sur la ruche s'appelle, selon les
pays, *calotte, capote, chapiteau, ruchette,* etc. La calotte,
qui est ordinairement en paille, peut aussi être en bois,
en vannerie, en faïence et même en verre. Je fais ma plus
belle récolte dans des calottes en verre qui ne sont autres que des globes à fromage.

Les ruches à calotte varient de grandeur et de forme
selon les localités ; néanmoins, il est ici un milieu à observer dont il faut bien prendre garde de s'écarter. Si la
ruche est trop petite, les abeilles emmagasinent tout le
miel dans la calotte, même quelquefois le couvain, et lorsqu'on enlèvera celle-ci, la ruche n'aura plus de provisions
d'hiver ; si au contraire elle est trop grande, elle con-
tiendra tout, miel et couvain, et la calotte n'aura rien. Il
s'agit donc de tenir un sage milieu.

Voici la forme et les dimensions que j'emploie avec avantage et qui me semblent les plus convenables (fig. 6). Mes ruches sont en paille, à parois serrées et médiocrement épaisses, pour conserver une température plus égale.

J'ai deux dimensions que j'emploie tour à tour, selon les circonstances. — Le diamètre de la première ruche dans œuvre est de 39 centimètres de diamètre, et sa hauteur, de 22 à 27 centimètres : elle jauge de 30 à 35 litres et loge 10 gâteaux parallèles.

Le diamètre de la deuxième ruche est de 36 centimètres de diamètre dans œuvre : elle jauge de 28 à 30 litres et loge 9 gâteaux parallèles. — J'emploie cette petite ruche à loger les essaims tardifs ou faibles en monde, ou lorsque je tiens à faire travailler les abeilles dans la calotte.

Je donne à chacune de ces ruches, en hauteur, de 22 à 27 centimètres.

La partie supérieure de ces ruches est presque plate, pour ne pas gêner la calotte, où se font les plus belles récoltes. C'est un dôme à peine bombé de 1 à 2 centimètres, au milieu duquel est un trou de 7 à 8 centimètres. Observons qu'une ouverture de 12 centimètres serait préférable, parce que les abeilles pourraient y monter par trois galeries.

La calotte (ou chapiteau) doit être plutôt petite que grande, d'une dimension de 4 à 8 litres, sauf à récolter plusieurs fois dans les années d'abondance. — Une calotte jaugeant 8 litres peut contenir 7 kilogrammes de miel (fig. 7).

Le placement de la calotte a pour but d'obtenir des produits de choix et une plus grande quantité de miel au détriment de l'essaimage. On sait que quand on agrandit le logement des abeilles avant la formation de l'essaim, c'est-à-dire la construction des alvéoles royales (fig. 4), la sortie de l'essaim n'aura pas lieu. Si l'on veut du miel et peu d'essaims, on calottera les fortes ruches par un beau temps et lorsque le colza est en fleur. Les abeilles s'occuperont aussitôt de faire des constructions dans la calotte, surtout si on a soin d'y placer une *greffe*, c'est-à-dire un rayon ou une baguette fixée au sommet de la calotte et qui descendra jusqu'aux rayons de la ruche. Les abeilles, charmées de trouver une échelle pour monter et descendre, en profiteront avec empressement.

Si on désire des essaims, il ne faut poser la calotte qu'après la sortie du premier essaim. Lorsque le calottage se fait un peu tard et que la fleur du sainfoin et des prairies donne bien, huit à dix jours suffisent quelquefois pour obtenir autant de kilogrammes d'un miel de dessert exquis de goût et de couleur, dont est si fier à juste titre tout apiculteur.

La ruche à calotte, avec les dimensions que nous proposons, réunit les plus grands avantages. D'abord elle est peu coûteuse, facile à faire, à manier ; elle donne du miel de choix sans presque déranger les abeilles, sans crainte de pillage. La récolte de la calotte est plutôt une récréation qu'une fatigue.

Elle se prête également bien à l'essaimage artificiel, ainsi qu'à la réunion des colonies, soit par la chasse des abeilles, soit par la superposition d'une ruche sur une autre, chaque ruche ayant le même diamètre dans le bas que dans le haut.

Tous ces avantages réunis font de la ruche que nous proposons une excellente ruche, la meilleure de toutes, dirons-nous. — La ruche à calotte, voilà donc la ruche qu'il faut, celle qui donne le moins de peine et rapporte le plus de profit [1].

En fait de ruches, nous pourrions à la rigueur nous en tenir là. Il est pourtant deux autres formes de ruche que nous voulons mentionner, parce qu'elles ont leurs avantages et leurs partisans : c'est la ruche à hausses et la ruche d'une seule pièce.

La ruche à hausses est ainsi appelée parce qu'elle se compose de plusieurs étages ou hausses posés les uns sur les autres et qui doivent avoir tous les mêmes dimensions. Les hausses sont en bois et en paille (fig. 8 et 9). Chaque hausse a un plancher à claire-voie en baguettes larges de 3 centimètres et distantes de 1 centimètre les unes des autres, pour laisser libre la communication des abeilles et ne pas les diviser pendant les froids.

La meilleure des ruches à hausses, en bois, que j'aie jamais vue, est celle inventée par M. le général de Mirbeck, qu'il appelle ruche *articulée ;* elle est carrée à l'extérieur et octogone en dedans (fig. 10).

Voici les dimensions que j'ai adoptées pour mes quelques ruches à hausses en paille :

---

[1] Il est une ruche octogone en bois, avec chapiteau et quatre fenêtres, de l'invention de M. l'abbé Prunet. C'est la ruche Prunet, dont nous parlerons dans les notes.

Hauteur de chaque hausse, 10 centimètres. Une petite main en fil de fer, comme la figure 24, de grandeur naturelle, les fixe les unes aux autres. Diamètre des hausses, 39 à 40 centimètres dans œuvre ; même diamètre que mes ruches à calotte, je dis tout de suite pourquoi : avec ce diamètre, je puis, quand cela me plaît, placer une hausse sous une ruche à calotte, ce qui, en un moment d'abondance, devient une excellente affaire.

La ruche à hausses se prête très bien à toutes les diverses opérations apiculturales, comme agrandissement de l'habitation, renouvellement de la cire par l'enlèvement d'une hausse, essaims artificiels ou réunion des colonies par la superposition des étages, etc.

Voilà des avantages incontestables ; pourtant, je le dis avec une entière conviction, cette ruche, étant très compliquée (enlèvement, replacement, ajustement des hausses, calfeutrage), demande des soins plus minutieux, qui fatiguent non seulement les abeilles, qu'il faut bien se garder de déranger dans leurs beaux jours de travail, mais aussi l'apiculteur, qui lui préfère encore la ruche à calotte pour la grande exploitation. Pour moi, j'entretiens seulement quelques ruches à hausses, et comme mes ruches ont la même dimension, ces hausses sont quelquefois adaptées à mes autres ruches, quand la grosseur de l'essaim ou l'abondance de la récolte le demande.

De cette manière, toutes mes ruches deviennent à mon gré ruches à hausses et ruches à calotte tout à la fois.

Ruche d'une seule pièce. — La ruche d'une seule pièce, qu'on appelle aussi *villageoise, commune,* ne diffère de la ruche à calotte que parce qu'elle n'a pas d'ouverture dans le dessus. Cette ruche si répandue, qui trône dans tous les abeillers de Franche-Comté, de Suisse, et partout, n'est digne ni de tout le bien ni de tout le mal qu'on en dit. Si on la trouve partout, ce n'est pas qu'elle soit la meilleure, loin de là, mais c'est que la plupart des possesseurs d'abeilles ignorent la manière de les gouverner et ne prennent nul soin de leur abeiller. La ruche *vulgaire*, étant d'une seule pièce, est la meilleure pour tous ceux qui ne s'occupent de leurs abeilles que deux fois par an : au printemps pour extraire le miel, et un peu plus tard pour recueillir les essaims qui partent, et Dieu sait si le nombre de ces apiculteurs-là est grand !

Ecoutez : si votre ruche d'une seule pièce ne peut jamais être agrandie ou diminuée de capacité, selon que le demande l'abondance ou la disette de l'année, elle sera quelquefois trop grande, d'autres fois trop petite.

Si elle est trop petite, elle ne donnera qu'un maigre essaim qui n'amassera pas ses provisions, et la mère ruche elle-même ne pourra se refaire : ou encore, si la population est forte, dès le milieu de la bonne saison le miel et le couvain rempliront la ruche, et les ouvrières, groupées au dehors de leur habitation, seront forcées de passer des jours précieux dans l'oisiveté, faute d'espace ; ou bien même, entraînés par leur goût au travail, on verra ces insectes diligents bâtir des rayons de cire sous le tablier même de leur ruche. Quel reproche pour l'apiculteur, et combien il doit regretter alors de n'avoir pas une calotte à ajouter à sa ruche.

Si, au contraire, la ruche est trop grande, l'essaim ne prospère pas, les provisions ne s'y amassent point, et

rarement il passe l'hiver. La chaleur est la vie des abeilles ;
leur premier soin est de l'entretenir toujours égale dans
la ruche (de 30 à 33 degrés). Elles l'obtiennent en formant
un groupe compact au milieu de la ruche. Par la faculté
qu'ils ont d'entretenir l'intensité du calorique, ces délicats
insectes, qui ne peuvent isolément résister aux plus
légères fraîcheurs, parviennent, réunis, à surmonter des
hivers de 20 degrés de froid et plus.... Mais si la ruche
est trop vaste et laisse des vides, le couvain périra, faute
de chaleur, les travaux languiront, et la colonie mourra
de faim ou de froid en hiver. Vous ne devrez donc loger
dans une grande ruche (j'entends une ruche jaugeant de
35 à 45 litres) qu'un essaim précoce et fort en monde.
Cette ruche essaimera peu, mais donnera beaucoup de
miel. L'apiculteur rémois insiste sur les avantages des
grandes ruches communes, jaugeant 35 litres, 50 litres
et même plus, et du diamètre de 45 à 55 centimètres,
par la raison que la reine y développe mieux sa ponte.
Seulement, il veut que, selon les circonstances, elle puisse
être rétrécie.

L'insistance de cet habile apiculteur sur ce point m'a
frappé. J'invite les amateurs à faire des essais et à com-
parer, surtout si la contrée est riche en fleurs mellifères,
condition essentielle. On comprend que la capacité des
paniers doit être un peu en rapport avec la flore locale.

Maintenant, voici le meilleur parti que vous avez à
tirer de vos ruches d'une seule pièce : lorsque vous vous
apercevez que l'espace manque à vos ouvrières, vite
mettez sous la ruche une hausse ou une boîte carrée haute
de 10 centimètres, avec un plancher percé d'un trou

au-dessus. Bouchez la porte de la ruche, et les abeilles, obligées de passer dans la boîte, y construiront des rayons.

Aimez-vous mieux employer la manière des apiculteurs gâtinois? Dans un moment favorable, par exemple lorsque la fleur du sainfoin commence à mieller, culbutez votre ruche pleine, en la renversant sens dessus dessous, et coiffez-la d'une ruche vide de même diamètre. C'est une espèce de calottage, mais à l'envers. Vous ferez bien de fixer une cire ou *greffe* à la ruche qui sert de calotte, pour inviter les abeilles à monter et à diriger leurs constructions.

Voilà un bon parti à tirer de vos ruches vulgaires. Conservez-les donc, mais à l'avenir ne manquez pas de faire faire aux ruches à construire un trou de 6 à 12 centimètres. Ne fussiez-vous pas disposé à faire usage de cette ouverture, cela ne vous coûtera pas plus, et *ce qui abonde ne nuit pas.*

Ruche d'observation. — Il est une autre forme de ruche que j'ai imaginée et dont je me sers avec succès depuis plusieurs années : — c'est une ruche en bois qui tient un peu de la ruche en une pièce et de la ruche à hausses. Comme elle a une ou plusieurs fenêtres par lesquelles on peut inspecter les travaux de la colonie, je l'appelle *ruche d'observation*. Je fais ma ruche d'observation avec des planches de sapin de 3 centimètres d'épaisseur. C'est une petite maisonnette (comme la représente la fig. 11) composée de six planches, dont quatre forment comme les murs, et deux la toiture. Chaque planche a 40 centimètres de hauteur, 30 de largeur, et autant de profondeur, le tout dans œuvre. Les planches seront surmontées par le toit, formé de deux autres planches ayant 28 centimètres de largeur sur une longeur de 42. La hauteur totale de la ruche arrivera ainsi à 60 cent. Une planchette à claire-voie sera placée à l'intérieur de la ruche, pour diriger et soutenir les constructions des abeilles.

On pourra se convaincre, en examinant la figure 11, combien il est facile de visiter l'intérieur de cette ruche ; il suffit d'enlever la planche qui clôt l'une de ses faces. L'ouverture qui sert d'entrée ou de sortie aux abeilles sera longue de 6 à 7 centimètres et haute de 1 centimètre. Un petit guichet établi sur la porte la fermera ou l'ouvrira à volonté.

La planche du fond devra avoir une ou deux fenêtres avec un verre, pour visiter et observer les travaux des abeilles. Ces fenêtres seront closes par un volet mobile ; sinon, les abeilles, pour se soustraire aux regards des curieux, enduiraient le verre de propolis.

Le tablier est porté sur un piquet ou banquette élevé de 10 à 30 centimètres. La ruche ne demande pas de surtout. Comme elle demeure exposée à la pluie, il faut lui donner une peinture à l'huile. Placée dans le verger ou le jardin, à l'ombre de quelque arbre pour la préserver des rayons trop ardents du soleil, elle produira un charmant coup d'œil. Celle que j'ai eu occasion d'envoyer au jardin de l'exposition universelle de Besançon, pleine de ses abeilles, a fort attiré les regards. Seulement, mes trop ardentes ouvrières, impatientes de ne pas trouver de fleurs à leur portée, ont fait irruption dans quelques magasins de confiserie. Elles n'avaient nulle mauvaise intention et n'en voulaient qu'aux sirops et sucreries. Mais l'effroi de MM. les épiciers a été grand. De là plaintes et requêtes qui ont fini par un arrêt d'exil contre mes innocentes fermières, bien étonnées de tant de rigueur. Bientôt l'édit d'ostracisme a été révoqué. Ma ruche d'observation, réinstallée triomphalement au beau milieu du jardin de l'exposition, s'est vu combler des plus hautes faveurs du jury.

Ruches diverses. — Il est encore une multitude d'autres ruches, dues au génie inventif des amateurs en apiculture, que nous croyons inutile de décrire ici, parce qu'elles sont encombrantes et peu pratiques. — Il y a la ruche à rayons mobiles, la ruche à cadres mobiles, la ruche à porte-rayons mobiles, la ruche Quinby, la ruche Layens, la ruche Dadant (car qui n'a pas inventé sa ruche, et qui ensuite ne l'a pas modifiée ?) ; il y a la ruche couchée de droite à gauche, d'avant en arrière ; la ruche à 2 et 3 compartiments ; la ruche couchée horizontalement comme tronc d'arbre ; la ruche à tiroir ; que sais-je, moi ? Quelle forme de ruche n'a-t-on pas inventée ? — Tout ce qu'on peut dire de la plupart de ces ruches, qui peuvent captiver un moment le goût des novices, c'est que plus elles sont compliquées, composées de pièces mobiles, plus elles donnent prise à l'air, au froid, à la loque, à la fausse teigne. — Puis, les abeilles se plaisent à faire leurs constructions tout à l'encontre de vos prévisions. Ici, c'est un rayon qu'il faut briser, parce qu'il dépasse le cadre ; là, un autre qu'il faut enlever, parce qu'il ne suit pas la ligne désignée, etc. De bonne foi, les gens qui ont des occupations sérieuses voudront-ils consacrer un temps précieux à ces bagatelles, s'ingénier à fatiguer, tourmenter les abeilles, les déranger dans leurs travaux, et provoquer si gratuitement leur colère? Non, non, assurément ; aussi ne trouvons-nous guère de ces ruches savantes dans les apiers des praticiens. — Laissons-les donc aux amateurs qui ne font de l'apiculture que par curiosité et comme affaire de passe-temps, ou en vue de quelque mention honorable dans les comices agricoles.

Disons-le pourtant, à mesure que la science apicole s'est développée parmi nous, que les méthodes se sont perfectionnées et que l'étude de l'insecte mellifère a gagné des adeptes, on s'est généralement pris d'admiration pour les ruches à cadres mobiles. La loque ou pourriture du couvain, cette maladie si commune au mobilisme, a été conjurée par des précautions excessives ; puis est venue l'invention des rayons gaufrés, si communs aujourd'hui dans le commerce d'apiculture, qui, placés dans chaque cadre, dirigent le travail des abeilles et doublent la production du miel. Par ces moyens, le mobilisme, moins hérissé de difficultés pour les quelques apiphiles doués d'une rare dextérité et d'une patience à toute épreuve, est devenu une source de prospérité ; aussi consacrons-nous aux cadres mobiles un chapitre entier dans nos mélanges apicoles.

Tablier ou plateau, planchette des ruches. — La table sur laquelle repose la ruche est ronde ou carrée, et doit dépasser la ruche de quelques centimètres, surtout devant la porte. Voici un modèle pour les ruches en paille. Le faire rond avec deux planches légères réunies par deux traverses (fig. 12). Un menton est ménagé par devant, pour recevoir les abeilles qui reviennent des champs.

Les tabliers entaillés présentent un avantage ; ils dispensent de faire une coupure dans la ruche. Ils sont nécessaires pour les ruches à hausses (fig. 9). Cette entaille, large sur le devant de 20 centimètres environ, et profonde de 2, ira en diminuant de largeur et de profondeur jusque vers le centre du plateau, où elle n'aura plus que 4 ou 5 centimètres de large, tandis que la profondeur y sera réduite à 2 millimètres. La diminution du trou de vol sera augmentée ou diminuée, selon qu'on poussera la ruche en avant ou en arrière.

Le tablier doit être incliné sur le devant, pour faciliter l'écoulement des gouttes d'eau en hiver, et fournir aux abeilles le moyen de traîner au dehors les matières malpropres.

Pourget. — On appelle ainsi la matière dont on se sert pour calfeutrer les ruches. Les abeilles nous apprennent elles-mêmes qu'il est bon de le faire, puisqu'elles soudent avec de la propolis le bas de la ruche au tablier. Des bourrelets en coton, en laine, de petites bandes de toile, etc., suffisent, surtout si on a l'attention de les passer dans la cire fondue. L'onguent de Saint-Fiacre (bouse de vache) calfeutre très bien. Quelques-uns emploient des cendres, des étoupes. Nous conseillons surtout les petites bandelettes d'étoffe quelconque.

Porte des ruches. — Il est nécessaire de pouvoir agrandir, resserrer ou fermer entièrement l'ouverture de la ruche, selon qu'il en est besoin. Pour cela il faut une porte. Chacun invente la sienne. Souvent une petite pierre, un morceau de liège, le chardon à bonnetier (peigne de loup), une boulette d'étoupes, peuvent servir, ou, mieux encore, une sorte de peigne en bois ou en fer-blanc (fig. 13). Ma porte de ruche de prédilection, que je dois à M. l'abbé Bailly, est un petit glissoir en fer comme la *figure* 14, de grandeur naturelle. Les quelques dents sont pour donner de l'air aux abeilles, mais assez petites pour les retenir prisonnières. Une petite pièce de bois fixée contre la ruche et clouée au tablier sert à porter le glissoir. Deux petites vis, fixées dans la pièce de bois qui embrasse la ruche en forme de roue de chariot, servent à fermer et à ouvrir le guichet. Cette forme de porte est la plus aisée et la plus parfaite que j'aie vue.

CHAPITRE XII

FLORE ET PACAGE DES ABEILLES

———

Miellée ; température favorable à leurs moissons.

L'apiculteur intelligent et soucieux de réussir devra connaître quelles sont les ressources mellifères de la contrée où il veut établir son rucher. Le nombre de ses ruches, la grandeur du logement de chaque colonie, devra être en rapport avec la flore du pays. — Si le sol est presque entièrement couvert de vignobles, il devra renoncer à tenir un grand rucher ; il pourra tout au plus avoir quelques paniers, qui ne lui rapporteront pas grand profit. — Si la contrée est tout entière à la culture des céréales, c'est moins mauvais, surtout si on y sème quelques navettes ou quelques sarrasins. Mais si le sol est varié, accidenté, couvert ici de prairies naturelles, là d'herbes artificielles ; si on y rencontre de beaux jardins, de riches vergers ; s'il se trouve des forêts dans le voisinage ; si quelque ruisseau coule au milieu de ce paysage, l'apiculteur est dans les meilleures conditions, et il peut compter que ses abeilles, s'il les gouverne avec soin et intelligence, lui récolteront les plus riches moissons.

L'ami des abeilles ne se contentera pas de ce coup d'œil sommaire ; il voudra connaître par leur nom les plantes les plus visitées par ses diligentes ouvrières, la saison où elles donnent leurs fleurs, la nature de leurs produits, la température favorable à la distillation de leur sève. Bien plus, il aimera à cultiver, à propager les plantes mellifères, surtout si l'agriculteur trouve à y gagner, comme cela existe toujours pour les luzernes, le trèfle incarnat, le sainfoin, l'esparcette, etc.

C'est pour arriver à ce louable résultat que nous allons donner le nom des plantes les plus aimées des abeilles. Nous ne les indiquerons pas toutes ; l'énumération en serait trop longue, puisqu'il en est peu sur lesquelles les mouches à miel ne trouvent rien à butiner. Celles que nous allons indiquer dans le tableau synoptique divisé par saisons suffiront pour mettre sur la voie et aider l'apiculteur dans l'appréciation qu'il est appelé à faire des ressources mellifères de ses abeilles.

FLORE DES ABEILLES

Tableau divisé par saisons

FIN DE L'HIVER ET COMMENCEMENT DU PRINTEMPS

Coudrier, noisetier : se couvre de fleurs en chaton avant l'apparition des feuilles, fournit une riche récolte de pollen.

Saule : il y a beaucoup de variétés ; saule-marsault, blanc, pleureur, etc., qui fournissent du miel et beaucoup de pollen.

Thuya : sa fleur renferme du pollen. — *Buis, ajonc, cornouiller.*

Frêne et *orne :* donnent une fleur qui fournit miel et pollen.

Cytise : fleurs en grappes, miel.

Groseillier : ses feuilles, d'un vert clair, renferment du miel.

Sapin : miel, pollen, et un peu de propolis.

Pin, mélèze, genévrier.

Abricotier, pêcher : miel et pollen.

Peuplier ; variété, *tremble :* propolis, miellée et pollen.

Bouleau, orme : les fleurs, réunies en bouquet, paraissent avant les feuilles.

Romarin : fleurs aromatiques contenant un miel excellent.

Perce-neige, violette, primevère, giroflée, couronne impériale, crocus, héliotrope d'hiver, pas-d'âne (tussilage), *anémone,* etc.

PRINTEMPS

Erable : sa sève renferme beaucoup de sucre ; variétés, le *sycomore,* le *platane.*

Acacia : le blanc renferme beaucoup de miel.

Chêne : celui à longs pédoncules fournit du miel.

Sorbier des bois : miel en abondance.

Marronnier : beaucoup de miel et pollen.

Epine-vinette : idem.

Ronce commune : fleur à bouquet contenant du miel.

Troène : forme des haies dont les fleurs blanches donnent du miel.

Aubépine : abonde en sucs mielleux.

Eglantier : le rosier sauvage, dont la culture a varié les formes à l'infini, donne du pollen ; mais le rosier à fleurs doubles n'est pas visité par les abeilles.

Seringat, myrtille, prunellier : donnent du miel.

Pommier, poirier, prunier, cerisier : donnent du pollen et du miel ; *noyer* : idem.

Vigne : la fleur donne un peu de pollen ; le fruit est recherché des abeilles à cause de ses liquides mielleux, lorsque la pluie en a ouvert la peau.

Pois, vesce, fève, lentille : offrent beaucoup de miel.

Sainfoin, esparcette : excellent fourrage, plein de miel, ne peut être trop répandu. C'est le festin des abeilles et une source abondante d'excellent miel.

Trèfle : le blanc et l'incarnat sont les meilleurs pour les abeilles.

Phacelia congesta : fleur des abeilles; *spergule*.

Souci des marais : fleurs d'un beau jaune, ressemblent au bouton d'or; miel.

Renoncule, geranium : fleurs connues de tout le monde.

Navette : toutes les variétés sont très riches en miel.

Colza : fleurit tantôt au printemps, tantôt à la fin de l'été ; abondance de sucs sucrés. Colza, navette, sainfoin, tout cela remplit la ruche en quelques jours.

Lamier : fleurs labiées, blanches, miel en abondance.

Pulmonaire, buglose, mélampyre, lupin, fraisier, pissenlit ou *dent-de-lion, menthe,* etc.

Mélisse : l'odeur de cette plante est tout particulièrement agréable aux abeilles. — En frotter la ruche où on loge l'essaim. Il est bon d'avoir un pied de cette plante vivace, si aimée des abeilles, aux abords du rucher.

ÉTÉ

Tilleul : aime les terrains frais et sablonneux ; ses fleurs, jaunes et odorantes, donnent d'abondantes provisions de miel et de pollen

Framboisier : riche en miel ; *cornouiller, mûrier, haricot d'Espagne, salsifis, cameline.*

Bourrache : excellente plante ; les abeilles y butinent tout l'été ; il faut en remplir le jardin.

Luzerne : fleurs mellifères d'une teinte bleue. La luzerne, comme le sainfoin, enrichit le fermier ; c'est la plus productive des plantes fourragères. — *Lotier* ou *lotus* : petit trèfle blanc au bord des chemins, chéri des abeilles.

Asclepias : fleurs disposées en ombelle, vraies fontaines de miel. On s'en sert pour ouater les vêtements et garnir les coussins. C'est aussi une plante d'agrément.

Aconit napel : quoique légèrement vénéneuse, cette plante donne un bon miel.

Mélilot : très recherché des abeilles ; fleurit sans interruption pendant plusieurs mois ; c'est là un avantage qui fait classer le mélilot parmi les plantes les plus utiles à l'apiculture.

Sauge, madia sativa, lin, moutarde, topinambour, soleil ou *helianthus annuus, bluet, centaurée, cardon, marrube.*

Genêt des teinturiers, verge d'or (solidago), *mille-pertuis.*

Vipérine : fleurs en grappe d'un beau bleu, plante tachetée comme la vipère ; très mellifère.

Scabieuse : miel et pollen.

Bouillon-blanc : aime les terres sablonneuses, chauffées par un soleil ardent ; fleurs en épi aimées des abeilles.

Pin, aubépine, chêne, etc. : donnent de la miellée, vulgairement manne.

Oignon : riche en mucilage et en matière saccharine.

AUTOMNE

Euphraise, persicaire, iberis : plantes connues des abeilles.

Mouron : fleurit tantôt au printemps, tantôt en automne ; miel et pollen.

Réséda ou *gaude, vigne vierge, aster.*

Perlier ou *symphoricarpe :* visité tout l'été par les abeilles.

Moût de raisin, dans les années chaudes.

Hysope : plante très mellifère et très belle ; ayez-en des bordures dans votre jardin.

Thym et *serpolet :* feuilles et fleurs parfumées, très aimées des abeilles.

Sarrasin ou *blé noir :* très riche en miel, mais de qualité inférieure.

Bruyère : fleurs blanches ou roses, riches en miel. La bruyère se plaît dans les terrains secs et élevés, sur les pentes incultes et exposées aux ardeurs du soleil. Dans certaines contrées on conduit les ruches aux bruyères, où les abeilles font une nouvelle saison.

Lierre : donne du pollen et quelques sucs mielleux, etc., etc.

L'eau. — L'eau est indispensable aux abeilles pour élaborer le miel et le pollen. Si elles ne peuvent en trouver qu'à de grandes distances, il est fort utile d'établir près des ruches un petit réservoir d'eau, dans un endroit bien abrité des vents. Une cuve en bois de 30 à 40 centimètres de diamètre suffit pour un rucher de 50 ruches. A la surface de l'eau on place un flotteur quelconque (soit, par exemple, des plantes qui ont leur racine au fond de l'eau), afin d'empêcher les abeilles de se noyer. — Par les temps de forte miellée, les abeilles n'iront pas au réservoir, parce qu'elles trouvent dans le miel l'eau qui

leur est nécessaire. Au contraire, par les temps peu mellifères, le réservoir en sera couvert.

Miellée, rosées mielleuses. Température favorable aux récoltes des abeilles. —Voilà bien des fleurs tributaires des abeilles ; il en est beaucoup d'autres encore…. Il semble que le Créateur les ait fait épanouir successivement et tout exprès pour fournir à nos insectes aériens une moisson qui renaît sans cesse. Aussi ont-elles le droit, *de par nature et de par la loi,* de faire des récoltes dans tous les fonds à leur convenance…. Quelque copieuses que soient leurs soustractions, elles ne portent préjudice à personne. La végétation n'a qu'à y gagner, puisque la fécondation des plantes visitées par elles est plus prompte et plus certaine.

Si les abeilles ont droit de dire : Ces domaines sont à nous, d'un autre côté leur ardeur pour le travail répond à leur privilège de butiner partout. Un coup d'œil vif et pénétrant, un odorat fin, leur indiquent les fleurs disséminées au loin. Quoique promptes dans leurs recherches, peu de fleurs leur échappent. Elles surpassent les autres volatiles par la rapidité de leur vol. Au temps de leurs moissons, elles se répandent tellement dans les campagnes, que les fleurs des champs, des prés et des forêts en sont couvertes. C'est par milliers que les abeilles d'une bonne colonie se répandent dans la campagne. Mais l'abondance de leur récolte dépend tout à la fois de la richesse des fleurs à leur portée et du temps qu'il fait. La différence des vents, des saisons, des climats et des fleurs, occasionne une grande différence dans la quantité de leurs récoltes. D'un côté, si les bises dessèchent les sucs des fleurs, d'un autre côté, les vents du sud, de l'ouest et du sud-ouest leur sont très favorables, surtout lorsque le ciel est couvert, que l'air est chaud et qu'il est tombé une brouée [1], dit le vieil auteur comtois.

Nous voici amenés à dire un mot des rosées mielleuses. Notre même auteur en parle avec l'accent de la plus vive reconnaissance pour l'auteur de la nature : « Quel-» ques-uns pensent, dit-il, que les rosées mielleuses vien-» nent du ciel et qu'elles sont figuratives de la manne » que Dieu envoyait autrefois aux Hébreux. Cette nour-» riture ayant pris fin par la possession de la terre pro-» mise, il est inutile de chercher ici un miracle. » On ne voit, ajoute-t-il, ces rosées qu'en quelques années, le matin, et elles durent peu de jours. Elles se trouvent au bas des calices des fleurs et sur certaines feuilles cannelées qui ont la forme d'une tasse. La végétation et la chute des brouillards, ajoute-t-il encore, concourent à leur for-mation. Tandis que le soleil darde ses rayons, les sèves suintent par les pores des plantes et sont réduites en va-peurs. Les froids de la nuit resserrent ces pores et arrê-tent la transpiration des sucs sur l'extrémité des tiges et des feuilles de certains arbres, tels que le chêne, le tilleul, l'érable, la ronce, le sapin, etc. ; c'est ce qu'on désigne sous le nom de miellée, rosées mielleuses [2].

---

[1] Brouée, petite pluie froide.

[2] A ce propos, M. l'abbé Bailly, de Domprel, m'écrit : « Dans nos » pays de moyenne montagne, le chêne donne quelquefois du miel » à la seconde sève et surtout sur la fin, au mois d'août et même de » septembre. L'arbre de nos forêts qui donne le plus souvent et le » plus abondamment de miel est le tremble, à la seconde sève, au

La *miellée* est donc une transsudation sensible d'un suc doux et sucré qui, après avoir circulé avec la sève des plantes, s'en sépare et va sortir à la partie supérieure des feuilles.

Pour les arbres toujours verts, comme le sapin, les premières chaleurs font sortir la miellée de leurs vieilles feuilles. Mais, pour les arbres qui perdent annuellement leur verdure, la miellée ne paraît guère qu'au mois de juillet, au temps de la canicule, lorsque les feuilles ont acquis toute leur consistance.

La miellée que distillent certains pucerons n'est autre chose que la liqueur sucrée de la sève des végétaux où ils se sont attachés. De même, le miel que les abeilles recueillent sur les fruits n'est également que la partie sucrée de la sève qui les a nourris. — La miellée n'a

» mois de juillet. On ne croit pas, dans nos montagnes à forêts de
» sapins, que ce soient les premières chaleurs qui fassent produire
» du miel aux sapins. Si par exception cela arrive quelquefois, les
» abeilles n'en profitent pas, préférant le miel des fleurs à celui-là.
» C'est à la seconde sève que les sapins produisent du miel, les an-
» nées chaudes et de sécheresse, à la fin du mois d'août et au com-
» mencement de septembre. — Les abeilles des montagnes y font
» quelquefois de bonnes, même de prodigieuses récoltes, mais rare-
» ment. J'en ai observé quatre ou cinq depuis trente ans que je me
» livre à ces sortes d'observations, et, chose à remarquer, moi qui
» habite à peu près à trois kilomètres (à vol d'oiseau) de la pre-
» mière forêt de sapins, je n'ai jamais vu nos abeilles se déranger
» pour aller chercher du miel sur les sapins, et tandis que les
» abeilles de Loray butinaient abondamment sur les sapins, les
» miennes ne bougeaient pas. Preuve que les abeilles ne vont pas
» faire leur récolte bien loin. Il est vrai que dans la saison des
» fleurs elles peuvent être entraînées d'une planche de fleurs à une
» autre et aller un peu plus loin. »

donc qu'une seule origine, la sève. Aussi l'abondance du miel dépend-elle de l'abondance de la sève.

Par cette raison, les causes qui augmentent la sève augmentent aussi le miel, et les plantes qui sont riches en sève sont également riches en miel. Aussi, qui n'a admiré l'abondance de la récolte de nos infatigables ouvrières par ces temps chauds et lourds qui développent la sève ! Ici, c'est le colza tout parfumé, là, le sainfoin, qui leur offrent leur calice si plein que nous pouvons y boire ; plus loin, c'est le tilleul, le chêne, la ronce, qui suintent le miel par tous les pores. Mais la bise sèche et froide vient-elle à souffler, les fleurs penchent leur tête, les feuilles ferment leurs pores, la sève s'arrête, et le miel disparaît.

Les pluies du midi favorisent la sève et la sécrétion du miel, mais comme elles le lavent, on comprend que pendant leur durée les abeilles n'ont rien à butiner. Il y a aussi des jours où des centaines de ruches trouveront une riche moisson, et d'autres où une dizaine, dans le même endroit, aux mêmes fleurs, ne pourront pas vivre. Voilà pourquoi il n'y a pas de comparaison à établir entre le pâturage des abeilles et celui des autres animaux. *Quand le vent est à la sève,* selon l'expression reçue, les fleurs offrent un butin sans cesse renaissant.

Chaque saison offre aux abeilles son tribut de miel ; mais les mois de mai et de juin, dans nos plaines et vallons de Franche-Comté, sont les mois par excellence. Un seul de ces mois vaut les dix autres. J'ai vu de ces moments (et quel apiculteur ne l'a pas remarqué avec admiration, ainsi que moi ?), j'ai vu, dis-je de ces moments où une seule colonie recueille jusqu'à 4 ou 5 kilogr. de provisions en un seul jour.

On peut juger que la récolte de miel est abondante lorsqu'on voit les abeilles entrer et sortir de leur ruche avec vivacité, lorsque les allées et venues se prolongent jusqu'à 6 et 7 heures du soir, lorsqu'on entend un bruissement vigoureux dans la ruche et qu'on sent une forte odeur de miel autour du rucher. Ces moments sont précieux pour les abeilles, et il faut bien se garder de les troubler indiscrètement et de toucher aux ruches sans nécessité.

Ces détails sommaires sur les contrées, les plantes, les températures favorables aux récoltes des abeilles, suffisent pour mettre sur la voie. L'observateur de la nature suivra avec le plus vif intérêt ce jeu admirable de la Providence et la manière dont elle remplit de ses bénédictions tout ce qui respire : *Imples omne animal benedictione*, et il en retirera les leçons les plus utiles, de plus d'une sorte, qui toutes le porteront à louer et à bénir Dieu.

SECONDE PARTIE

CALENDRIER APICOLE

ou

SOINS A DONNER AUX ABEILLES

ET TRAVAUX A EXÉCUTER PENDANT LE COURS DE L'ANNÉE

MOIS PAR MOIS

Notions préliminaires. — Nous voici arrivés à la partie vraiment pratique de l'apiculture. Maintenant que nous avons fait complète connaissance avec les abeilles, que nous sommes au courant de leur manière de se gouverner, des conditions où elles doivent se trouver pour prospérer, maintenant, dis-je, que votre rucher est établi dans le site et à l'exposition le plus convenables, — que toutes vos colonies sont logées dans des habitations en rapport avec leur population et les ressources mellifères du pays, — nous allons, mois par mois, et, au besoin, jour par jour, les visiter, leur donner les petits soins qu'elles réclament de nous pour nous procurer de riches bénéfices. Vous ne vous êtes jamais, dites-vous, occupé de votre rucher, si ce n'est pour recueillir les essaims. Eh bien, pour vous initier à la science apicole, nous ferons de compagnie, de temps en temps, une revue détaillée de toutes vos colonies, et nous ne négligerons aucune des opérations propres à vous donner du miel, de la cire, et à assurer pour l'avenir la prospérité de votre rucher.

Notre première visite commencera en plein hiver, au mois de janvier.

Avant tout, il est bon de nous pourvoir de certains ustensiles qui nous serviront peu en hiver, il est vrai, mais que nous serons bien aises de trouver lorsque les premiers beaux jours du printemps arriveront. — Le matériel apicole qu'il faut se procurer se compose : 1° de couteaux propres à soulever et décoller les ruches et extraire les rayons ; 2° d'un camail ou masque pour se préserver des piqûres d'abeilles ; 3° d'un enfumoir pour leur lancer la fumée, qui rend ces volatiles toujours doux et traitables lorsqu'on veut opérer chez elles quelques visites domiciliaires.

Couteau pour décoller les ruches et extraire les rayons. — Ce couteau est une espèce de spatule à lame courte et large qui sert également de truelle pour calfeutrer les ruches (fig. 15). On peut aussi se servir d'une serpe ou d'une hache à manche court.

Il est bon d'avoir deux autres couteaux pour extraire les rayons. Ce sont des morceaux de fer très minces, de 30 à 40 centimètres de longueur, avec un petit manche au bout, dont les deux extrémités sont courbées à angle droit pour en former deux lames de trois centimètres de longueur sur un de largeur. L'une de ces lames a le taillant tourné en bas, et celle de l'autre couteau a le taillant horizontal lorsqu'on tient l'instrument droit (figure 16). Le premier sert à détacher les rayons par côté et l'autre à les détacher par-dessous. On ne donne qu'un centimètre de largeur à la lame, afin de pouvoir l'introduire entre les rayons sans les atteindre.

Camail ou masque. — Il est prudent, pour certaines opérations, de se munir d'un camail ou masque en fil de fer dont on se couvre la tête. Une garniture en toile ou lustrine gommée y est cousue; on en engage les bords sous les habits pour fermer tout passage aux abeilles. On peut aussi se couvrir les mains de gants de laine qui montent sur la manche de l'habit. — Enfin, pour plus de précautions, on peut aussi serrer le bas du pantalon avec des jarretières. Mais, le plus souvent, camail et gants sont inutiles, lorsqu'on sait *traiter* avec les abeilles, comme l'expérience nous l'apprendra. A ce sujet, M. l'abbé Bailly m'écrit qu'il ne se sert jamais de masque ni de gants : cela ne lui servirait que d'embarras. Avec sa pipe faite avec une queue de casserole en terre et un chalumeau en bois pour allumer le tabac, il envoie quelques bouffées de fumée sur les abeilles. « Je ne suis ja-
» mais piqué, dit-il, que lorsque par mon inadvertance
» ou ma maladresse je serre une abeille dans mes mains;
» ce qui me fait peu ou rien, parce que j'ai le remède
» avec moi. J'ôte promptement le dard, je crache sur la
» piqûre, je frotte un peu, et je suis guéri et continue
» mon opération. — J'ai pourtant des masques, ajoute-
» t-il, pour les peureux qui veulent se donner le plaisir
» de me voir soigner mes abeilles, mais ils ne leur servent
» que pour leur ôter la peur. »

Effet de la fumée sur les abeilles; bruissement, enfumoir. — La fumée est le grand dompteur des abeilles; elles n'essaient même pas de résister à cette puissance sombre et terrible. Si vous projetez quelques bouffées de fumée, elles sont tellement effrayées qu'elles ne pensent qu'à fuir, à ventiler la ruche et nullement à piquer. La fumée aux abeilles, c'est le chien de berger aux moutons. Comme elles agitent fortement leurs ailes pour chasser la fumée et purifier l'air de la ruche, elles font entendre un *bruit* sourd qui fait qu'on dit qu'elles sont en état de *bruissement*. Le *bruissement* n'est donc pas un signe de colère. Les abeilles égarées qui retrouvent leur famille, celles de l'essaim qui se rassemblent dans un logis, bruissent de joie. Le bruissement provoqué par la fumée est un signe d'épouvante. — La réunion de deux colonies en état de bruissement se fait toujours sans combat, si on établit le bruissement avant et après la réunion (15 à 20 minutes environ). On provoque cet état en lançant quelques bonnes bouffées de fumée. — On envoie la fumée aux abeilles, soit au moyen d'une pipe à double tuyau, soit au moyen d'une baguette au bout de laquelle on attache quelques chiffons roulés en forme de saucissons auxquels on met le feu. Alors on présente le linge fumant à l'entrée de la ruche, en soufflant sur la fumée pour la faire entrer dedans. Mais lorsqu'on a un rucher un peu convenable, il faut se procurer un enfumoir.

Un *enfumoir* (figure 17) est un tube en fer-blanc ou en cuivre, assez semblable à un brûloir à café. Il doit avoir une porte à coulisses pour introduire les chiffons et le feu. Il y a deux douilles, l'une pour recevoir un soufflet quelconque, l'autre, plus pointue, qui lance la fumée dans la ruche. L'enfumoir peut avoir 10 à 12 centimètres de longueur et un peu moins de diamètre. — Pour empêcher le feu de s'éteindre, on ouvre la porte dans les moments où l'on ne fait pas fonctionner l'instrument. L'enfumoir est presque indispensable pour les réunions de colonies. On fait sans difficulté ce qu'on n'obtient qu'à force d'efforts avec la pipe ou la baguette de chiffons.

Quelques bouffées de fumée lancées à propos suffisent pour refouler les gardiennes et procurer le calme. — Quelques petits jets de fumée se succédant à propos, portant bien sur les groupes, suffisent pour les mettre en état de bruissement. Quand il est bien établi, quelques bouffées de fumée envoyées de 5 en 5 minutes le maintiennent facilement. Les praticiens exercés se passent le plus souvent de fumée, ou se contentent d'un cigare. Mais il faut une grande habitude et un certain tact. Il faut, en mettant la main sur la ruche, sentir s'il y a résistance ou non. L'expérience et le savoir-faire peuvent seuls guider en cela, et ceux qui commencent doivent bien se garder de négliger la fumée, etc.

Digression sur le problème des réunions. — Voici une considération majeure et qu'il est important de bien peser. Elle trouve sa place ici à propos des effets qu'opère la fumée sur les abeilles. Cette considération, bien étudiée, jettera le plus grand jour sur la plus importante des opérations apicoles, je veux dire la *réunion* ou *mariage de plusieurs colonies en une seule.*

Il est clair comme le jour, pour tout apiculteur expérimenté, que les fortes populations seules donnent des profits; — qu'il est donc d'une grande importance de réunir à d'autres les populations faibles. Mais ce qui décourage l'apiculteur, ce sont les combats que se livrent quelquefois ces colonies, au moment de la réunion, combats où succombent un grand nombre d'abeilles.

Recherchons donc quand il y a combat et quand il n'a pas lieu, les causes qui le provoquent et celles qui le préviennent, et alors nous agirons avec une pleine confiance de succès.

Les faits nous apprennent que ce n'est pas la parenté qui fait vivre les abeilles d'une même colonie en bonne intelligence, mais plutôt *l'identité d'impressions, la conformité de sensations;* de même, il est constant que ce qui amène le désordre, ce sont les impressions contraires au moment où elles s'abordent.

Etablissons cet axiome par des faits. Deux essaims partent à la fois ou à la suite l'un de l'autre ; le second va se réunir au premier pour ne former qu'une famille : y aura-t-il bataille dans cette alliance ? Non, parce que, au moment de la réunion, les abeilles des deux familles étaient sous une impression commune de ralliement. Elles se sont mêlées sous l'influence d'une *idée identique, d'un besoin commun de réunion.* Il y a *unité de but, identité d'action* des deux côtés, il n'y a donc pas de combat. Voilà le principe de l'accord ; il est inutile de le chercher ailleurs.

Mais si la *conformité d'impressions* fait l'union, par la raison des contraires, *l'opposition d'impressions* amènera la discorde, la guerre civile. — Ainsi, qu'un essaim qui vient de partir s'avise de se jeter dans une ruche qui n'est pas la sienne, de suite la colonie envahie court aux armes…. Il y aura une mêlée affreuse, le sol sera jonché de morts et de mourants. Pourquoi?… Parce que la réunion s'est faite sous l'influence *d'impressions contraires, de vues opposées.*

Continuons nos expériences. Voici deux essaims du même jour recueillis à part. Vous les réunissez le soir en versant l'un dans l'autre. — Excepté une certaine agitation qui se manifeste à cause de la présence de deux reines, l'accord est parfait; une reine sera sacrifiée, voilà tout. — Les deux colonies ne feront qu'une famille sous un seul chef, et la confédération s'opère toute seule, parce que les deux colonies sont encore sous l'influence d'une même impression de ralliement.

Mais ce sont deux essaims venus à quelques jours de distance; je veux les réunir et je fais la même opération que tout à l'heure; je verse l'essaim nouveau venu dans l'habitation de son aîné. Qu'arrivera-t-il infailliblement? guerre civile, lutte acharnée, parce que, au moment de la réunion, les deux colonies étaient sous *l'influence d'intérêts opposés, de vues différentes.* — Si vous réunissez sous cette même influence deux peuplades ensemble, les mêmes effets se produiront toujours. Ainsi encore, vous permutez deux ruches en mettant l'une à la place de l'autre, et vous faites ce changement *par un beau moment de travail.* Les abeilles, ivres de joie, sous *l'impression exclusive du travail,* ne pensent pas à se livrer combat. Elles se trouvent vite acclimatées dans une cité qui n'était pas la leur. — Le contraire arriverait si la permutation des ruches se faisait dans un moment de loisir forcé, parce qu'alors chaque colonie se trouverait sous l'influence d'impressions opposées.... comme défiance de l'une à l'égard de l'autre. — Nous pourrions encore multiplier les exemples; ceux que nous venons de citer suffisent.

Quel est donc le moyen de réussir dans la question si importante de la confédération de deux et même de trois colonies en une seule? C'est, au moment de la réunion, de mettre les abeilles *sous l'influence d'une impression identique, d'un intérêt commun, d'un danger commun*, etc. [1].

Ici encore les faits nous aident à résoudre le problème. Pour faire la réunion de deux peuplades, vous les transvasez d'abord à part dans deux ruches vides, puis vous les versez vite l'une après l'autre dans celle des ruches qui contient assez de provisions et dont vous avez fait déguerpir une bonne partie de ses habitants. Les abeilles se hâtent d'entrer dans le logement qu'on leur offre. Comme elles sont toutes sous une même influence ou impression de ralliement, l'union se fait sans effort.

Il vous plaît d'employer un autre moyen pour la

[1] Un apiculteur du Midi, M. Buzairies, explique par l'*instinct* des abeilles le problème des réunions. Ainsi, dit-il, deux essaims qui n'ont ni rayons ni couvain s'associent sans difficulté, au lieu que la peuplade en possession de rayons et de progéniture repoussera l'association, à moins qu'un état momentané de malaise produit par la fumée ou de toute autre manière ne facilite la réunion, lorsque les insectes enfumés sont uniquement préoccupés de leurs souffrances individuelles. — On le voit, c'est toujours l'identité d'impressions : intérêt, danger, etc., n'importe.

réunion de vos colonies. Vous renversez à ciel ouvert, à la tombée de la nuit, la ruche qui doit recevoir un surcroît de population; vous tapotez vos ruches, et, après les avoir fortement aspergées, de part et d'autre, d'eau miellée, vous les versez l'une dans l'autre. Sous l'influence d'une impression identique, vos abeilles ne se battront pas. — Mais vous trouvez plus commode, et vous avez bien raison, d'employer la fumée pour vos réunions. Vous faites donc parvenir, par le moyen de l'enfumoir ou de la pipe (comme le fait si facilement M. Bailly, ce praticien par excellence), quelques bouffées de fumée avant et après la réunion, pour provoquer et entretenir pendant quelques minutes l'état de bruissement dans les deux colonies à réunir, soit en *coiffant* l'une de l'autre, soit en *culbutant* l'une sur l'autre, soit enfin en *versant* l'une dans l'autre. Voilà encore une confédération qui se fera sans combat.... Pourquoi? Parce que la fumée provoque la même impression de ralliement indiquée par le bruissement et confond les abeilles des deux colonies sous l'influence d'un *malaise*, d'un danger commun. — Encore une fois, pénétrez-vous bien de ce principe, revenez-y souvent, et vous serez fort en apiculture, car vous aurez résolu le problème si difficile et capital des réunions.

Précautions à prendre lors des visites et manière de traiter avec les abeilles. — On ne doit jamais, sous aucun prétexte, ouvrir ni remuer une ruche sans avoir préalablement envoyé à l'intérieur une ou deux bouffées de fumée. La fumée effraie les abeilles, qui, au moindre danger, se gorgent de miel, et sont ensuite beaucoup moins promptes à piquer. — Elle est sans effet sur les ruches sans provisions. — Si l'on donne une secousse à une colonie avant l'envoi de la fumée, les abeilles sont ensuite moins faciles à calmer. — Après avoir enfumé, il faut encore attendre une demi-minute avant de procéder à la visite, pour que les abeilles aient le temps d'absorber du miel. Avec les chiffons, une petite addition de tabac fait merveille. — Si la visite se prolonge, il faut de temps en temps envoyer une nouvelle bouffée de fumée entre les rayons et les abeilles, qui font mine de se fâcher ; mais il est inutile et même nuisible d'enfumer beaucoup.

Si les abeilles ne s'apprivoisent pas comme les animaux domestiques, du moins elles s'habituent et se familiarisent avec ceux qui les visitent de temps en temps. Aussi les abeilles accoutumées à voir du monde sont douces habituellement et moins *susceptibles* que les autres [1]. Visitez donc souvent vos ouvrières pour les accoutumer à vous et voir comment elles se comportent. Ces visites seront pour vous une douce récréation et un encouragement au travail, à la vue de l'activité et de l'ardeur de vos diligentes fermières.

---

[1] Il est des moments où les abeilles sont irritables et un peu hargneuses, par exemple lorsque le temps est à l'électricité, ou qu'on leur a enlevé du miel dans une saison stérile.... Alors il faut les aborder avec circonspection et bien se garder de les provoquer. Bien plus, si, pour une cause quelconque, vous les avez irritées, contrariées, si vous leur avez pris du miel en une mauvaise saison, ne les approchez pas ce jour-là, ni même le lendemain si leur colère a été grande, car elles conservent, non peut-être sans raison, bonne mémoire de votre méfait.

Pour prévenir tout accident lorsque vous approchez des abeilles, agissez avec calme et sans bruit. Le bruit, les secousses, les mouvements brusques, voilà ce qui les irrite. — Si elles se posent sur vos mains, votre visage, laissez-les tranquilles ; elles s'envoleront sans vous faire de mal. Les abeilles, nous l'avons dit, ne sont agressives que lorsqu'elles se croient menacées. — Si une abeille vous poursuit, ce que vous comprenez toujours au cri aigu qu'elle fait en tournaillant autour de vous, fuyez doucement, retirez-vous à l'ombre, ou au moins baissez-vous et ne bougez pas. Votre ennemi se retirera, content de vous avoir mis en fuite. — Si une abeille irritée se précipite sur votre visage, arrachez-la *lestement* avec la main, avant qu'elle ait eu le temps d'enfoncer son dard. — Avec un peu d'adresse, on peut ainsi prévenir beaucoup de blessures.

Si vous vous approchez d'une ruche pour voir travailler les ouvrières, tenez-vous non devant, mais de côté, sans vous agiter, et vous ne risquez pas d'être piqué. — Si vous avez à visiter l'intérieur d'une ruche, détachez-la doucement de son tablier, posez-la à terre sans secousse aucune ni mouvement précipité. — Ne le faites qu'au milieu d'une belle journée, lorsque les abeilles sont au travail. Si vous ouvriez la ruche le matin ou le soir, ou par la pluie, ou par un temps orageux, en un mot dans un moment où toute la population est là, vos gens, déjà mécontents d'un loisir forcé, déchargeraient leur colère sur vous, et vous risqueriez bien d'être piqué.

Piqûres. — Si vous avez une piqûre, il faut aussitôt

arracher l'aiguillon, et appliquer fortement un peu de salive sur la plaie. On peut aussi la laver avec de l'eau fraîche, de l'eau vinaigrée, de l'alcali volatil, ou encore y appliquer un peu de miel, ou frotter l'endroit atteint avec quelque feuille émolliente, comme le persil, la menthe, le bouillon-blanc, le cassis. Ces choses diminuent l'enflure et la douleur, mais le principal est d'arracher de suite l'aiguillon, soit en le pinçant, soit par le frottement de la partie de la figure atteinte. — Si, par quelque accident, les piqûres étaient nombreuses, après avoir arraché les dards, il faudrait couvrir les mains et le visage de linge mouillé. Mais avec les précautions que nous avons indiquées et l'emploi de la fumée lorsque vous visitez l'intérieur de vos ruches, vous n'avez rien à craindre; vos mouches à miel seront toujours calmes et douces.

JANVIER

Travaux de ce mois.

Pour les abeilles, il n'y a que trois saisons : le *printemps*, qui voit la multiplication des abeilles, leurs riches travaux et l'essaimage; l'*été*, qui est la moisson de l'apiculteur et pendant lequel les abeilles glanent encore pour vivre et s'entretenir, et l'*hiver*, la période du repos des abeilles. — Le printemps commence au mois de mars, l'été en juillet, et l'hiver à la Toussaint. (En montagne il faut compter de quinze jours à un mois de retard et quelquefois davantage; c'est le contraire pour les contrées méridionales.)

Nous commençons la première visite de votre rucher au mois de janvier, au cœur de l'hiver. Les abeilles dorment : respectez leur repos et ne troublez leur tranquillité par aucune curiosité indiscrète. Ne permettez pas au curieux de soulever la ruche ou de la frapper pour savoir s'il y a bonne vie dedans. Tout cela est inutile. Le bruit, les secousses les plus légères, les agiteraient, et partant les refroidiraient, les provisions de bouche se consommeraient plus vite, et celles qui sortiraient en éclaireurs, surprises par le froid, ne pourraient pas rejoindre le gros de la famille.

Règle générale pour l'hiver comme pour toutes les autres saisons : Ne soulevez les ruches que le plus rarement possible et dans une absolue nécessité, car il est prouvé que celles auxquelles on touche souvent produisent moins que celles qu'on laisse tranquilles. N'oubliez pas cette recommandation, dont la paresse doit, du reste, bien se trouver : *c'est que les abeilles n'aiment pas à être dérangées* [1].

Votre rucher a dû recevoir sa toilette d'hiver dès les premiers jours du mois de novembre. Les ruches sont suffisamment approvisionnées ; — elles sont préservées des rayons du soleil par quelque abri ; — leur tablier est légèrement incliné en devant pour l'écoulement des vapeurs qui sortent de l'intérieur ; — les portes sont rétrécies. C'est bien ; prenez garde que les souris, les mu-

---

[1] Tout en approuvant ma recommandation, M. Bailly la trouve un peu sévère. Il n'attache pas, me dit-il, une si grande importance à ne pas soulever les ruches ou à frapper dessus quelquefois pour connaître où elles en sont.

lots, n'y puissent entrer, et, au besoin, faites-leur la guerre par les moyens que vous savez, engins, appâts vénéneux, etc., etc.

Si la neige s'amoncelle sur la ruche ou autour du tablier, ayez soin de la secouer avec quelque brosse ou un balai très doux, car lorsqu'elle viendrait à fondre, elle amènerait une humidité qui ferait moisir les rayons et périr peut-être les abeilles.

Lorsque, après plusieurs jours d'un froid intense, il survient un changement de température, vous ferez bien de donner de l'air à vos ruches, en élargissant l'ouverture. Vous préviendrez par là les accidents.

L'hiver est le temps où l'on peut changer les ruches de place, faire les réparations à son abeiller, confectionner les ruches, etc.

FÉVRIER

L'hiver continue, mais les jours grandissent et les abeilles vont bientôt se réveiller de leur long sommeil. Vous devez une visite à votre rucher, soit pour peser à la main les ruches faibles et leur fournir le viatique dont elles ont besoin (voir au mois de décembre), soit pour les aérer durant les beaux jours, soit pour exhausser celles placées près du sol dans les terrains humides.

Votre rucher sera l'objet d'une attention toute particulière si, à la suite de la neige qui couvre la terre, il survient un beau soleil. Les abeilles, réveillées par ses rayons, veulent sortir pour prendre leurs ébats ; mais l'atmosphère est encore froide et chargée d'humidité ; elles sont vite saisies par le froid, et toutes celles qui se posent sur la neige ne se relèvent pas et périssent. Voilà un accident qu'il faut prévenir, sous peine de voir décimer votre rucher.

Lors donc qu'à la suite de la neige qui couvre la terre il survient un temps doux, ou que le soleil luit, empêchez les abeilles de sortir, en fermant les portes de vos ruches avec le petit volet mobile, ou avec quelques tringles, ou avec des étoupes, ou le fruit du chardon des bonnetiers, car il faut de l'air à vos abeilles ; puis, le danger passé, vous ouvrirez la porte. Dans le cas où vous n'auriez pas empêché la sortie de vos abeilles, répandez quelques brins de paille en avant du rucher. Fatiguées, elles s'y reposeront, et de là pourront regagner le logis [1].

Dans la deuxième quinzaine de février, les sorties des abeilles deviennent plus fréquentes, et les pourvoyeuses profitent des journées un peu chaudes pour aller au pollen et à l'eau. Il est bon de mettre devant le rucher,

---

[1] M. l'abbé Bailly, de Domprel, m'écrit que des observations réitérées l'ont convaincu qu'il est bon, quelquefois nécessaire, dans les montagnes, de laisser sortir les abeilles de temps à autre, *même lorsqu'il y a encore de la neige.* Lorsqu'il vient quelque beau jour au mois de février, dit il, si les abeilles sont enfermées, elles s'échauffent et se tourmentent en cherchant à sortir ; elles contractent la dysenterie et salissent leurs rayons, et il en périt beaucoup. Dans ce cas, il faut, lorsqu'on voit qu'un jour sera clair, doux et sans vent, ouvrir les portes de ses ruches tout au matin, ou mieux encore dès la veille au soir. Lorsque le soleil se fait sentir, les abeilles prennent l'air et sortent doucement, sans se précipiter en foule, comme cela arrive si on ouvre les portes au milieu du jour, quand le soleil les a chauffées.

sous un abri, des rayons sur lesquels on répand de la farine de pois ou de blé, avec une goutte de miel pour attirer les abeilles.

L'eau, l'eau salée surtout, est nécessaire aussi pour épargner des courses dangereuses. Un rucher bien tenu doit avoir une auge contenant de l'eau très légèrement salée, sur laquelle est un flotteur supportant des brins de mousse.

MARS

OU PRINTEMPS DES ABEILLES [1].

Il semble que c'est pour l'abeille que l'Esprit-Saint a dit : *Hiems transiit.... flores apparuerunt in terrâ nostrâ*, etc. Voici les beaux jours.... l'hiver des abeilles est passé, les fleurs apparaissent dans les vergers, la vie revient au rucher. Et pourtant, c'est au retour du printemps que sont portés les coups les plus désastreux aux pauvres abeilles, et ces coups partent de la main inintelligente et avare des *tailleurs* de ruches ; et cela non dans quelques localités isolées, mais presque partout, du levant au couchant, du midi au septentrion. Voyez plutôt. — Un des premiers beaux jours du mois de mars arrivé, regardez cet homme affublé de son masque, ganté et armé, le fer d'une main, le feu de l'autre, allant de rucher en rucher ; il va à une expédition contre les abeilles. Il culbute chaque ruche, il tranche impitoyablement : gâteaux de miel, rayons de cire, tout est enlevé ; à peine a-t-il égard au couvain operculé. Le miel ruisselle de

---

[1] Un peu plus tôt ou un peu plus tard, selon les climats.

toutes parts dans la ruche, et grand est le nombre des abeilles, les unes tuées, les autres noyées dans ce gâchis. Heureuses si la reine elle-même n'y trouve pas la mort. Chaque ruche est remise à sa place en piteux état, et voilà ce que nos apiculteurs appellent *rafraîchir, tailler* les ruches.

Ce mode de récolte, nous ne saurions trop le dire, est pernicieux. En effet, si vous enlevez presque tout aux abeilles, cire et miel, les vivres feront défaut s'il survient des jours mauvais ; — partant, la mère, si féconde à cette époque, manquera d'alvéoles pour déposer ses œufs, et la population restera stationnaire. Les laborieuses ouvrières, auxquelles on voulait faire de la *place,* comme on dit, et *donner de la besogne*, seront condamnées à une pénible oisiveté, jusqu'à ce que la surabondance des fleurs fournisse assez de miel pour construire de nouveaux rayons, et leur permettre de s'adonner, mais trop tardivement, à l'éducation du couvain. Les essaims ne viendront pas ou arriveront trop tard, la ruche ne se remplira pas de butin, faute de bras pendant la moisson, je dis la moisson des abeilles. Voilà ce qui se fait au printemps, puis tout se borne là, et, à part la récolte des essaims, on ne s'occupe plus de son rucher pendant le reste de l'année, et on se plaint, après cela, des déceptions que donne la possession d'un rucher !

Vous vous garderez bien d'agir de la sorte, sans doute ; mais vous me demandez ce que vous avez à faire en apiculteur intelligent et soucieux de la prospérité de votre abeiller.

Vous devez profiter d'un des beaux jours de mars pour faire l'inspection détaillée de chacune de vos colonies, afin de les *tenir prêtes* pour les grands travaux qui vont commencer.

Vous avez trois manières de faire la revue de vos ruches : 1° regarder, par un beau jour de travail, le mouvement de va-et-vient des abeilles sur la porte de leur ruche ; 2° peser la ruche au moins avec la main ; 3° la culbuter pour en visiter l'intérieur.

Nous allons inspecter cinq ou six ruches, dont l'état correspondra à toutes les différentes positions où peuvent se trouver vos colonies au sortir de l'hiver. — Dirigeons-nous donc ensemble vers le rucher et rendons-nous compte de l'état de chacune des peuplades.

Excellente colonie. — Nous voici en face de la ruche n° 1. Mettons-nous tout près du panier, en avant, mais un peu de côté, pour ne pas intercepter le passage des abeilles et gêner leur vol. Regardez : quel mouvement d'entrée et de sortie à la porte ! quelle activité ! que de vie dans cette ruche ! Il entre ou sort au moins 20 à 30 abeilles par minute ; les unes entraînant des débris de vieille cire, les autres rentrant chargées de pollen. Maintenant soulevez la ruche. Elle est convenablement lourde. Du reste, les rayons ne sont pas noirs, puisque la ruche n'a que deux ans. C'est bien, vous avez là une bonne vache à lait, comme dit le proverbe. Remettez-la à sa place, après avoir raclé et brossé le tablier.

Nous pourrions, à la rigueur, nous dispenser de visiter l'intérieur de la ruche. S'il est quelques parcelles de rayons moisis, quelques restes de vieux pollen gâté,

les abeilles sauront bien, puisque la population est forte
et vigoureuse, nettoyer et assainir l'intérieur de la cité.
Pourtant, puisque la ruche est lourde, je vous recommande de récolter le miel qui encombre le logis et nuit
à la multiplication du couvain [1]. Mais prenez bien garde
de trop enlever. Vous remarquerez aussi, en goûtant le
miel, que celui qui a passé l'hiver dans la ruche est
loin de valoir celui que l'on récolte en été.

Ruche légère. — Après quelques bouffées de fumée,
qu'il faut toujours employer, car c'est un ambassadeur
qui nous obtiendra toujours une paix honorable, nous
passons à la ruche n° 2. Nous trouvons les mêmes caractères qu'à la ruche précédente : bonne population, rayons
de 2 ou 3 ans au plus ; mais elle ne pèse presque rien ; les
provisions de bouche vont manquer. Hâtez-vous de la
nourrir, sinon elle périrait de faim. Ne craignez pas,
elle vous rendra à gros intérêts ce que vous allez lui
prêter. Nous dirons tout à l'heure ce qu'il lui faut donner
de nourriture pour qu'elle arrive de mars à mai sans
craindre les contretemps.

Colonie mourant de faim et de froid. — Nous voici
arrivés à la ruche n° 3. Silence et solitude à la porte ;
personne n'entre, personne ne sort. — Soulevons la
ruche ! O Dieu, il n'y a rien dedans, elle est légère
comme une feuille de papier. Décollons-la vite pour visiter l'intérieur. Un monceau d'abeilles mortes encombre

---

[1] Selon Dzierzon, célèbre apiculteur allemand, les ruches fortement taillées au printemps développent une activité plus grande que
si elles n'avaient pas été taillées. Mais il admet l'utilité des bâtisses
au moment des fortes miellées.

le tablier ; d'autres, mourantes, se meuvent à peine entre les rayons vides. — Tout est-il perdu ? Non, si les abeilles ne sont en cet état que depuis quelques heures, et que le principe vital ne soit pas complètement éteint.

Voici donc ce que vous avez à faire : Versez dans la ruche les abeilles étendues sur le tablier, mortes ou semblant l'être ; couvrez la ruche d'une serviette bien fermée au moyen d'une ficelle liée autour de la ruche ; portez-la dans une chambre chaude.... Entendez-vous à leur bourdonnement les abeilles qui se réveillent ? La ruche est renversée à ciel ouvert, la serviette dessus. Versez alors quelques cuillerées de miel liquide sur la serviette. O doux spectacle ! vous venez de ressusciter des morts.... Voyez-vous ces milliers de petites langues qui sucent la liqueur tombée du ciel, qui leur donne la vie. — Le printemps'dernier, j'ai encore sauvé de la sorte une peuplade qui est devenue une de mes bonnes ruches, et m'a donné un essaim quelque temps après.

Ruche orpheline, n° 4. — Ce panier est lourd, et pourtant, chose étonnante, il entre et sort peu d'abeilles ; elles paraissent hésitantes et découragées ; je soupçonne fort que la reine est morte. Pour nous en assurer, visitons l'intérieur. Ah ! il n'y a pas de couvain d'ouvrières : la mère est donc bien morte. Voilà une colonie perdue, qu'il faut réunir bientôt à une autre colonie bien organisée. Si les rayons ne sont pas vieux, vous attendrez que la saison soit plus avancée, le mois d'avril si vous voulez, et vous la placerez sous une autre ruche à vieux rayons. Les abeilles de celle-ci descendront, et vous aurez une excellente colonie. Il peut se faire aussi que la ruche sans reine ait du couvain de mâle, produit d'ouvrières pondeuses. Cette colonie est sans valeur ; il faut en brosser les abeilles, qui iront en suppliantes renforcer les autres colonies, si on leur a laissé le temps de se gorger de miel.

Colonie morte de froid, n° 5. — Ici tout est bien mort, et pourtant la ruche est lourde, il y a du miel. Oh! c'est que la reine a péri en automne, et les ouvrières, découragées, se sont enfuies de la maison ; le peu qui est resté a péri de froid. Vous n'avez qu'une chose à faire, enlever les couteaux de miel et ne point laisser de débris devant le rucher, crainte de pillage [1]. N'imitez donc pas certains apiculteurs qui, pour ne rien perdre, laissent en avant du rucher les débris de rayons contenant encore du miel. C'est là une mauvaise pratique. Les abeilles s'abattent sur ces débris de rayons avec une sorte d'acharnement. Tout le rucher est comme en révolution. Souvent le pillage s'ensuit ; les ruches faibles son't victimes. — Il importe donc de porter à la maison le miel à mesure qu'on l'extrait des ruches.

Ruches à vieux rayons. — Passons au panier n° 6. Il y a du mouvement à la porte, beaucoup d'abeilles rentrent chargées de pollen ; la ruche est assez lourde. Nous

---

[1] Il a pu arriver encore que les abeilles soient mortes de froid et de faim dans une ruche ayant une reine et bien fournie de vivres. Cela a lieu lorsque le froid est si intense que les abeilles ne peuvent pas se déplacer pour aller aux provisions, qui deviennent trop éloignées d'elles. M. Bailly m'a dit avoir quelquefois rencontré ce cas dans son rucher, situé, comme on sait, dans la haute montagne. Voilà pourquoi il préfère les ruches hautes, parce que les abeilles ont moins à se déranger pour prendre leur nourriture.

visitons l'intérieur avec les précautions d'usage. Les rayons sont noirs, ils ont cinq ou six ans. C'est trop vieux. Les alvéoles, chargées des pellicules laissées après l'éclosion des jeunes abeilles, sont devenues un berceau trop petit pour la progéniture de la reine. Ces rayons vieillis et noirs offrent aussi trop de prise à la fausse teigne. Bien ou mal pourvue de miel, la ruche ne prospérera plus dans l'état où elle est. Le proverbe dit : *Il n'y a pas de vieilles abeilles, il n'y a que de vieilles ruches.*

Vous avez à opter entre trois ou quatre partis différents :

1° Ou laisser la ruche telle qu'elle est, en ne retranchant que les rayons moisis, sauf à tout enlever au mois de juillet, miel et cire, et réunir les abeilles à une autre colonie ;

2° Ou la laisser telle qu'elle est jusqu'aux beaux jours de grand travail du mois d'avril ou de mai, et alors, *si elle est lourde et populeuse*, la superposer à une ruche vide. Ce parti, très bon si la ruche est bien remplie de monde, serait un enfantillage si la ruche était légère de provisions et de population.

3° *Si la ruche est faible en monde*, un bon parti à prendre, c'est de la réunir à une autre colonie, ou, simplement, en défaire les rayons et secouer les abeilles, qui, ne retrouvant pas leur habitation, seront reçues en suppliantes dans les ruches voisines. Pour faire ces opérations, il faut attendre quelque beau jour du mois d'avril.

4° Un quatrième parti à prendre, c'est de récolter le

miel surabondant, et de tailler tous les rayons du bas de la ruche jusqu'à 10 ou 15 centimètres. Cette opération m'a toujours réussi [1].

5° Un dernier parti, fort recommandé par mon vieil auteur de 1763, c'est de supprimer tous, absolument tous les rayons d'une moitié de la ruche, à partir de la porte, en faisant une ligne droite, et de laisser l'autre moitié intacte. L'année suivante, vous retrancherez cette autre moitié des rayons ; de cette manière, votre ruche sera entièrement renouvelée en deux ans. J'ai aussi essayé ce procédé, qui m'a bien réussi. — Vous voilà donc avec l'embarras du choix. Selon un célèbre apiculteur allemand, Dzierzon, les ruches fortement *taillées* au printemps développent une activité plus grande que si elles n'avaient pas été taillées. Grâce à cette activité, la nouvelle cire qu'elles produisent, ne serait-elle destinée qu'à la fonte, est un gain pur et net. Mais il admet l'utilité des bâtisses au moment des fortes miellées.

Ici se présente la question de savoir comment doivent être tournés les rayons de la ruche par rapport à la porte. Cette question est loin d'être indifférente. Règle générale : *les rayons ou gâteaux doivent aller d'avant en arrière par rapport à la porte.* En effet, c'est par la porte d'entrée que les abeilles respirent et que l'air se

---

[1] M. de Mirbeck, dans son *Questionneur, opuscule sur les abeilles,* insiste beaucoup sur la nécessité de la coupe de la cire au printemps, tant pour le profit de la récolte que parce que les ruches y gagnent de la propreté, une cire neuve qui plaît davantage à la reine, et que la forteresse est plus facile à garder contre l'invasion de la fausse teigne. — Il y a *du pour* et *du contre* à dire sur cette pratique.

renouvelle. Donc, si les rayons se trouvent en travers, ils barrent le passage de l'air ; les abeilles souffriront ; la mortalité sera grande en hiver ; le couvain ne prospérera pas ; il n'y aura pas d'essaims. — Il ne faut donc pas regarder comme chose indifférente la direction des rayons par rapport à la porte, mais les faire converger, autant que possible, dans le sens de la porte (fig. 18).

Nourriture à donner aux abeilles. Quelles ruches faut-il nourrir ? Quelle nourriture leur donner ? Quand ? De quelle manière ? Ne l'oubliez pas : il ne faut nourrir que des colonies populeuses. C'est une conséquence de ce que nous avons déjà eu occasion de dire. Nourrir des colonies dépourvues de monde serait perdre sa peine, son temps et son argent. Vous nourrirez donc les fortes populations dès que vous vous apercevrez que les provisions peuvent manquer, et vous leur donnerez en une ou deux fois la nourriture nécessaire pour arriver à la bonne saison.

L'expérience a appris qu'il faut de 6 à 8 kilogr. de miel aux abeilles pour passer la saison stérile, c'est-à-dire arriver de la fin de septembre au 1er mai. Dans les mois de saison morte, décembre, janvier, les abeilles consomment moins d'un kilogr. Mais dans les mois de mars, avril, mai, toujours progressivement, elles consomment beaucoup plus, à raison de l'élevage du couvain, qui absorbe une abondante nourriture. Donc, si vous voulez être sans souci sur les provisions de vos ouvrières, faites en sorte que chaque colonie n'ait pas moins de 3 kilogr. à dater du 1er mars, et que les provisions soient ainsi assurées jusqu'au mois de mai.

Sans doute, si le printemps est beau, les abeilles vont récolter pour leur entretien et pourront se passer de vous ; mais s'il arrive des contretemps, la disette se fera sentir ; couvain et abeilles, tout périra de faim et de froid. Attention donc, même pendant le mois de mai, s'il survient quatre ou cinq jours consécutifs de mauvais temps, par conséquent de repos forcé.

Vous devez donc savoir le poids de vos ruches en les soulevant au moins avec la main.

Je suppose que le poids de la ruche soit . .	3^k »
Le tablier	1 »
Le poids des abeilles	1 »
La cire qui remplit la ruche	» 500
Il faudra ajouter en miel	3 »
Total.	8^{k}500

Vous donnez la nourriture le soir, à la tombée de la nuit, pour prévenir le pillage, ou le jour, si le temps est à la pluie et le ciel brumeux ou froid. Pour la même raison, vous aurez soin de rétrécir la porte, de manière que les abeilles ne puissent ni entrer ni sortir plus de deux ou trois à la fois. Evitez surtout de le faire par un temps trop froid, car, n'en doutez pas, votre nectar inespéré rendra vos abeilles ivres de joie. Elles iront folâtrer en grand nombre hors de la ruche, et leurs voisines, éveillées, voudront prendre part au festin,

Quelle nourriture donner aux abeilles ? — Du miel, et, s'il est possible, du miel en rayons. Le miel est la nourriture de prédilection des abeilles. A défaut de miel, vous pouvez employer très avantageusement le sucre, maintenant qu'il est à si bon marché. Je dirai même que le sucre, qui est toujours inoffensif pour les abeilles, doit être préféré aux miels de Russie et d'Amérique. Voici comme vous le préparez : vous mettez 4 litres d'eau avec 7 kilogr. de sucre, que vous divisez en morceaux ; vous placez le tout dans une chaudière sur un feu modéré, vous remuez avec une spatule, et, au bout de 30 à 40 minutes, après refroidissement, vous mettez le sirop en bouteilles, où il se conserve très bien pendant plusieurs mois.

Ayez soin aussi de donner tout le viatique nécessaire en une ou deux fois : 1 ou 2 kilogr. par nuit. Les abeilles, très économes, mettront tout en magasin, sans abuser de rien, comme cela est à craindre pour nous autres pauvres humains, prodigues ou avares.

Maintenant que vous êtes fixé sur le temps, la quantité et le genre de nourriture à donner, de quelle manière allez-vous la présenter ?

Ici encore vous avez l'embarras du choix.

Je vous dirai d'abord que si la forme de la ruche le permet, il vaut mieux présenter la nourriture par le haut de l'habitation que par le bas ; il est reconnu qu'il y a moins de déperdition de nourriture, parce que les abeilles, dans ce cas, sont moins dérangées et s'agitent moins.

Choisissez donc entre ces différentes manières de présenter la nourriture aux abeilles :

1° Après avoir lancé légèrement une ou deux bouffées de fumée, précaution toujours avantageuse pour rendre abordables les abeilles, vous débouchez l'ouverture supérieure de la ruche à nourrir, et vous mettez une calotte de miel que vous calfeutrez avec soin. Les abeilles prennent la nourriture sans danger d'attirer les étrangères.

2ᵉ manière, assez semblable à la précédente : Vous placez sur l'ouverture supérieure de la ruche un ou deux rayons de miel que vous recouvrez d'une calotte.

3ᵉ manière : On fait un petit trou, s'il n'y en a pas (2 cent. de diamètre ou plus, cela ne fait rien), sur le haut de la ruche, et on y applique un petit pot contenant 1 kil. de miel coagulé ; cette quantité suffit pour la nourriture d'un mois. Lorsque le pot est vide, on le remplace par un plein. On a soin de calfeutrer le pourtour du vase, et c'est tout. — On peut servir aux abeilles du miel inférieur liquide : pour le faire coaguler, il suffit d'y ajouter de la glucose qu'on fait fondre à petit feu. — Le miel additionné de glucose se durcit en quelques jours.

Si le miel était servi à l'état de consistance de sirop, il faudrait recouvrir le vase renversé d'une toile claire (toile de chemise, etc.) — Ce moyen de nourrir les abeilles, qui m'a été indiqué par le frère Benoît, directeur du pensionnat de Montebourg (Manche), est excellent, surtout par les temps froids, parce que les abeilles enlèvent la nourriture sans presque se déranger.

Un 4ᵉ moyen, que j'emploie aussi volontiers, consiste à présenter le miel dans un vase percé au milieu et qu'on recouvre d'une calotte. A cet effet, j'ai fait faire à la poterie de Boult quelques vases ou *nourrisseurs* en terre non vernissée, de la contenance de 1 à 2 kilogr., à rebords droits, et percés au milieu d'un trou de 2 à 3 centimètres. On fait aussi le nourrisseur en fer-blanc dans les proportions suivantes : Diamètre, 29 c., hauteur du rebord, 5 c., largeur du trou, 3 c. Sur le trou s'élève un tuyau de la hauteur du vase (*fig.* 19). Les abeilles montent et descendent par le tuyau pour prendre leur nourriture. Le *nourrisseur* est recouvert d'une calotte bien fermée pour prévenir le danger du pillage.

Tous ces moyens de donner la nourriture par le dessus de la ruche sont excellents, parce qu'ils dérangent peu les abeilles et qu'il n'y a pas de déperdition de miel.

Vous pouvez encore donner le miel par le bas de la ruche de la manière suivante : Après quelques bouffées de fumée, vous soulevez la ruche et vous introduisez sur le tablier un *nourrisseur* à rebords droits, ou simplement une assiette pleine de miel, que vous couvrez de brins de paille ou de toile de crin, ou de copeaux, de peur que les abeilles ne s'engluent dans le miel. Si les rayons de la ruche à nourrir descendent trop bas, vous taillez ce qui empêche l'introduction du *nourrisseur*, ou encore vous mettez le nourrisseur sous une ruche vide introduite sous la ruche à nourrir, ou, si vous aimez mieux, vous soulevez un peu la ruche au moyen de cales pour faire place à l'assiette ou *nourrisseur*.

Vous êtes libre aussi de faire un trou dans le plancher de la ruche et de placer le *nourrisseur* sous ce trou, par lequel descendront les abeilles pour enlever les provisions offertes.

M. l'abbé Signe, directeur du magnifique apier de Vesoul, est l'inventeur d'un tablier à glissoir sous lequel est le viatique des abeilles. Ce glissoir, qui est la perfection du genre, s'ouvre et se ferme à volonté.

Voilà des moyens ; l'intelligence du praticien en trouvera d'autres encore, ou modifiera ceux-ci selon les circonstances. Le tout est d'être sur la voie. Seulement, je vous en prie, ne lésinez pas avec vos abeilles, mais aussi ne nourrissez que les populations nombreuses. Observons ici que si l'alimentation du printemps est donnée comme *stimulant* pour exciter à la ponte et au développement du couvain, on la fera lentement, à très petites doses, multipliées et continuées de jour en jour, tandis que le nourrissement, qui a pour but l'assurance du viatique, doit se faire rapidement et en une seule fois, si c'est possible, pour éviter trop de déperdition.

AVRIL

Avril, pour le possesseur d'abeilles, est un mois d'attente, j'allais presque dire un mois de repos. L'apiculteur *doué du feu sacré* en profitera pour propager la culture des plantes mellifères, la navette, le trèfle incarnat, le sainfoin, la luzerne, le mélilot, etc., toutes ces plantes oléagineuses ou fourragères, trop peu répandues encore, qui offrent de si grands bénéfices à l'agriculture et sont un succès assuré pour l'apiculture, sa sœur. Il entretiendra dans son jardin et son verger, autour de ses ruches, ces plantes qui font les délices de ses chères abeilles, la bourrache, le réséda, le groseillier, le framboisier, etc.; que dis-je ? il se plaira à semer le long des chemins, dans les terres incultes, le mélilot, l'esparcette, la vipérine, etc. En prenant ainsi une louable initiative, il fera changer de face le pays, tout en servant parfaitement ses intérêts.

La visite de l'abeiller dans le courant d'avril aura pour but de voir l'état de quelques ruches douteuses du mois de mars, si déjà on ne les a pas réunies à d'autres.

Contentez-vous d'un coup d'œil rapide sur ces ruches d'où vous ne voyez pas sortir moins de 20, 30 abeilles à la minute ; sur ces ruches qui *suent,* ces ruches à l'entrée desquelles vous voyez cramponnées 10, 15 ventilatrices de front, qui s'épuisent à donner de l'air, tant la chaleur est grande dans les appartements. Soyez tranquille. Ces colonies n'ont nul besoin de vous ; elles sauront bien se garder et se suffire à elles-mêmes.

Ruche qu'il faut réunir. — Mais voici une ruche où le mouvement de va-et-vient est presque nul. A peine 4 ou 5 abeilles à la minute, qui rapportent du pollen. Il y a une reine, mais que peut-elle faire sans sujets ? La famille est trop pauvre en monde pour pouvoir prospérer seule. Il faut en faire le sacrifice. Après avoir enfumé la ruche, vous la secouerez contre terre, une, deux, trois fois, de manière à faire tomber les abeilles.

Si l'opération se fait au milieu d'un beau jour de travail, dans un moment où les ouvrières sont à la campagne, les abeilles expulsées retournent à leur ancienne place, et, ne la retrouvant pas, entrent timidement dans les ruches voisines, où elles ne seront pas trop mal reçues et acquerront bientôt droit de cité.

Si la ruche à réunir en valait la peine, on la réunirait à une autre par l'un ou l'autre des procédés que nous indiquons pour les réunions du mois d'octobre (voir le mois d'octobre).

Dès que les beaux jours sont venus, il faut bien se garder de changer les ruches de place. Les abeilles sont *routinières,* elles reviendraient obstinément à leur ancienne place, et, ne la trouvant pas, périraient de froid, ou iraient se faire massacrer dans les ruches voisines.

Lorsque la température s'est réchauffée, il faut agrandir les portes des ruches pour que les abeilles aient toute facilité d'entrer et de sortir.

S'il survient dans le cours d'avril et même de mai une suite de jours pluvieux ou froids, il ne faut pas perdre ses chères abeilles de vue. A cette époque, où le couvain est très nombreux, elles consomment étonnamment de provisions. Elles peuvent se trouver tout à coup dans la disette. Vous devez donc être aux aguets pour ne les laisser manquer de rien.

MAI

Voici venu le plus beau mois de l'année, celui qui procure les plus douces jouissances à l'apiculteur. C'est aussi le mois de ses plus grands travaux.

Les principales opérations à exécuter sont, pour quelques ruches, la *superposition,* pour d'autres le *calottage,* pour les ruches à hausses l'*addition d'une hausse,* enfin la *cueillette* des essaims.

Le mois de mai arrivé, voyez si vous tenez à avoir des essaims pour augmenter le nombre de vos colonies, ou si vous préférez avoir davantage de miel et moins d'essaims.

Pour moi, voici le conseil que je vous donne. Ne laissez essaimer que les ruches jeunes en cire, c'est-à-dire des colonies d'un, deux ou trois ans au plus. Celles-ci vous donneront assez d'essaims pour entretenir votre rucher et augmenter même le nombre de vos colonies.

Quant aux peuplades dont la cire est vieille, probablement elles n'essaimeront pas et iront en dépérissant. *Si les ruches sont fortes en population*, le moyen que vous prendrez pour les rajeunir, c'est le *transvasement par la superposition*.

Superposition. — Voici un de mes modes d'exploitation qui me donne de très beaux résultats, même dans les mauvaises années, oui, surtout dans les mauvaises années, parce qu'il empêche l'essaimage. La *superposition* consiste à poser une ruche *pleine* sur une ruche vide, de manière que les abeilles soient forcées de passer par cette dernière pour sortir et pour rentrer. Si la ruche pleine de rayons est bien peuplée, les abeilles ne manquent pas de travailler dans la ruche vide, et la plupart du temps l'essaimage n'a pas lieu, mais la récolte du miel est abondante et la ruche rajeunie. Sa population, devenue très forte, donnera l'année suivante un excellent essaim.

Si les deux ruches ont le même diamètre, rien de plus simple et de plus facile que l'opération ; on pose tout bonnement la ruche pleine sur la ruche vide, dont le trou de communication est ouvert ; on ferme toutes les issues de la ruche supérieure, et on calfeutre avec soin (*fig.* 20).

Voici maintenant le résultat :

Les abeilles continueront leur travail et soigneront le couvain ; mais lorsque l'espace leur manquera dans la ruche supérieure pour placer leur butin, elles construiront de nouveaux rayons dans la ruche inférieure.

C'est ainsi que le transvasement s'opérera sans effort et sans contrariété ni inconvénient aucun pour la colonie.

Lorsque la ruche inférieure sera pleine de rayons, alors on pourra *enlever* la vieille ruche, qu'on trouvera veuve de ses habitants, mais pleine de cire et de miel.

Si l'on craint, en enlevant la vieille ruche dans le cours de l'été, de perdre du couvain ou de ne pas laisser une nourriture suffisante pour le temps d'hiver, on peut en ajourner l'opération au mois de juin suivant, c'est-à-dire après l'essaimage.

Nous regardons le transvasement par superposition comme une excellente opération, parce qu'il rajeunit les ruches sans dérangement aucun et qu'il double les populations en empêchant l'essaimage, ces deux bases de toute apiculture sensée.

Mais il faut opérer la superposition avec intelligence, c'est-à-dire quand les abeilles commencent à faire une bonne recette et lorsque la vieille ruche à rajeunir compte une nombreuse population [1].

---

[1] M. l'abbé Bailly, à qui j'ai communiqué mon article, m'écrit : « Ce moyen de rajeunir une vieille ruche est bon, pour les bonnes années, dans nos pays ; mais il ne réussit pas dans les médiocres et dans les mauvaises années, à moins qu'on ne mette plusieurs années pour rajeunir sa vieille ruche, ce qui est gênant. Les essaims

Je cite pour exemple le fait suivant. Au printemps de 1879, j'avais une ruche dont la cire était vieille déjà, mais pleine de provisions et très peuplée. Le 19 avril, je l'ai superposée sur une ruche plate dans le dessus et à large ouverture, en mettant entre les deux ruches (puisque leur diamètre n'était pas le même) une planche percée de trous. Deux mois après j'ai enlevé la vieille ruche superposée et j'ai donné une calotte à la ruche inférieure restée seule.

Voici quel a été le résultat de l'opération : j'ai recueilli au moins 20 kilogr., oui, 20 kilogr. de miel dans la vieille ruche. La ruche inférieure était déjà pleine de provisions.... cire neuve, population exubérante (de 50 à 60 mille âmes). C'était trop de monde pour une seule famille ; pourtant la saison était déjà avancée pour provoquer un essaim artificiel. Voici ce que j'ai fait : le lendemain, au milieu d'un beau jour de travail, j'ai mis une ruche peu peuplée à la place de celle en question, et celle-ci à la place de l'autre, *en conservant toutefois les tabliers à leur même place* [1]. Les abeilles, tout occu-

artificiels servent avantageusement pour rajeunir les vieilles ruches lorsqu'on le désire; et lorsqu'on ne tient pas à conserver sa vieille ruche, on fait son essaim plus fort. Si l'année n'est que médiocre ou mauvaise, on aura le miel de sa vieille ruche pour nourrir son essaim ; mais la vieille ruche sera toujours renouvelée dans un été par ce moyen, et l'on n'aura en même temps point perdu de couvain. Il y a aussi l'inconvénient d'éloigner les abeilles de la porte de la ruche en mettant une ruche vide sous l'autre. »

[1] Pour que les abeilles, en reconnaissant leur tablier à leur retour des champs, et en en sentant l'odeur, se trompent plus facilement et se croient chez elles.

pées de leur travail, ne se sont aperçues de rien, et j'ai eu deux bonnes colonies convenablement peuplées.

Je cite un autre fait de 1884. — Un essaim du 17 mai était logé dans une ruche haute et étroite à calotte. Un mois après, j'ai enlevé la calotte pleine d'un excellent miel. La ruche *barbait*, j'ai posé dessus la ruche octogone *Prunet*, laissant ouvertes les portes des deux ruches : un mois après cette opération, j'ai récolté la ruche octogone, contenant 20 kilogr. d'un beau miel vierge ; la reine n'était donc pas descendue dans la ruche octogone ; quant à la ruche supérieure, elle était aussi très lourde et pleine de miel et de couvain.

Calottage ou position des chapiteaux sur les ruches. — *Quand faut-il placer, quand enlever les calottes ?* Le calottage ou placement des capotes sur les ruches ne doit se faire qu'au moment où le temps est beau, où les fleurs commencent à donner du miel, et où la population augmente à vue d'œil. *Quand faut-il placer les calottes ?* Tenez-vous à avoir des essaims, ne placez la calotte que le lendemain de l'essaimage. De cette manière, vous aurez l'essaim premier et vous empêcherez la sortie de l'essaim second, qui affaiblit trop la ruche.

Dans le cas où vous tiendriez plus à avoir du miel que des essaims, vous placez les *chapiteaux* dix à douze jours avant l'époque présumée des essaims. Si vous le faisiez trop tard, c'est-à-dire lorsque les abeilles ont fait leurs dispositions pour l'essaimage, je veux dire la construction des alvéoles royales (fig. 4), vous n'empêcheriez rien. Un moyen plus sûr encore d'empêcher la sortie du second essaim est de détruire toutes les cellules maternelles moins une.

On peut aussi placer des calottes sur les essaims précoces et populeux, mais seulement lorsque le temps est favorable à la miellée.

Voici comment on s'y prend pour placer la calotte. Après avoir enlevé le bouchon qui ferme le trou de communication de la ruche à la calotte, on lance quelques bouffées de fumée aux abeilles qui se montrent, pour les apaiser (l'opérateur un peu habile peut très bien se passer de fumée), puis on pose la calotte, et on calfeutre avec un bourrelet ou de l'onguent de Saint-Fiacre. — Mais pour inviter les abeilles à travailler dans la calotte, il ne faut pas oublier d'y greffer un rayon de cire blanche, ou, à défaut de rayon, une petite baguette qui descend jusqu'à l'ouverture du corps de ruche et qui sert d'échelle aux abeilles pour commencer leurs constructions.

Position des hausses. — Pour les ruches à étages, on peut placer les hausses, soit par le haut, soit par le bas de la ruche, de la même manière et dans le même temps qu'on place les calottes.

Lorsque la température est favorable, lorsqu'il y a de ces chaleurs lourdes qui font pousser les plantes avec une telle vigueur de végétation que leurs tiges se penchent sous l'action du soleil par suite d'une croissance trop rapide, le miel alors abonde de toutes les fleurs. Il faut profiter de cette riche moisson qui se présente, en fournissant à vos ouvrières de nouvelles cases à mesure qu'elles les remplissent. Il faut enlever les calottes et les remplacer par d'autres. Avec un temps favorable, vos ouvrières auront bientôt réparé vos larcins.

En retour de ces soins que vous prendrez de vos abeilles, elles vous donneront des trésors de miel et de cire.

Essaims : saison des essaims, indices de leur formation, manière de les recueillir. — L'auteur franc-comtois l'écrivait déjà en 1763, et pourtant presque nulle part on n'a tenu compte de ses sages avis : « Pour avoir, » dit-il, des essaims précoces, on doit s'attacher spéciale-» ment à assortir ses ruches de bonne cire, d'une abon-» dance de miel et d'une quantité d'abeilles. » Essaim de mai, vache au lait, dit le proverbe. Disons-le donc encore une fois, ces trois choses, une cire neuve, beaucoup de miel, beaucoup d'abeilles, rejaillissent l'une sur l'autre et sont une garantie de profits pour l'apiculteur.

L'essaimage n'arrive guère que six semaines ou deux mois après l'apparition des premières fleurs. Il ne commence qu'au moment où la cire coule abondamment dans les fleurs. Sa durée, dans les années ordinaires, est de cinq à six semaines. Dans les années de grande chaleur et de beau temps, il peut ne durer que quinze jours.

En 1869, toutes mes ruches (moins une) avaient essaimé deux fois, du 15 mai au 3 juin. L'année avait été presque constamment chaude.

En 1870, au contraire, année au temps variable, l'essaimage de mon rucher a duré du 22 mai au 29 juin ; il a été aussi très abondant. En 1873, j'ai eu tous mes essaims en trois semaines, je les ai doublés la plupart pour avoir de fortes populations.

Nous avons étudié plus haut la manière admirable

dont se prépare l'essaim dans une peuplade d'abeilles, et comment nos petites créatures obéissent à l'invitation du Créateur : *Croissez et multipliez-vous* [1].

Indices de la formation des essaims.— N'oublions pas que nous sommes en plein mois de mai ; le soleil, selon la belle expression de l'Ecriture, s'est élancé comme un géant dans sa carrière [2]. La végétation étale ses plus riches couleurs ; les fleurs distillent un miel abondant et sans cesse renaissant. Aussi les couvées ont grandi, les familles regorgent d'habitants, la population devient exubérante. Déjà quelques bourdons ont paru.... En voilà qui sortent, dans l'après-midi, faire leur promenade aérienne. Cette odeur de cire que vous respirez avec tant de plaisir vers la fin de la journée, cette vapeur qui mouille le matin l'entrée de vos ruches, ce grondement sourd d'abord et de jour en jour plus clair et plus accentué, que vous entendez, vous indique qu'il se médite dans la colonie quelque parti extrême.

Voici venu pour vous le moment des grands préparatifs. Que tout soit donc sous votre main, et les ruches nouvelles, et les tabliers, et l'eau pour asperger l'essaim lorsqu'il sera dans les airs, et, lorsqu'il sera recueilli, le linge pour le garantir des ardeurs du soleil, et la baguette de chiffons pour l'enfumer au besoin, et le camail protecteur contre la colère des abeilles ; — enfin tous les instruments dont vous pourrez avoir besoin pour vos essaims, soit naturels, soit artificiels.

---

[1] Crescite, et multiplicamini, et replete terram.
[2] Exultavit ut gigas ad currendam viam suam.

Je me résume : l'apparition des bourdons (l'essaim ne se formant jamais que sept à huit jours après la naissance de ceux-ci), une population excessive que ne peut contenir la ruche et qui *barbe* à la porte, le bruissement aigu de la ruche le soir, sont des signes d'essaimage.

En voici de plus prochains :

La foule des abeilles qui était hors du panier y est-elle rentrée tandis que celle des autres ruches s'y maintient, les voyages des ouvrières sont-ils plus rares qu'à l'ordinaire, l'essaim fait ses préparatifs. — Ou bien encore, la ruche vers le midi fait-elle tout à coup un groupe considérable qui prenne des accroissements sensibles ; les abeilles qui reviennent de la campagne se réunissent-elles à la troupe ayant des pelotes aux jambes, ou s'arrêtent-elles étonnées sur le tablier de la ruche ; celles de l'intérieur s'avancent-elles avec agitation sur le plateau, comme pour donner un mot d'ordre, et rentrent-elles aussitôt ? — Tous ces indices sont l'annonce d'un départ imminent. Tenez-vous donc prêt. Si la pluie, le vent, une grande sécheresse, n'y mettent obstacle, mais au contraire, si le temps est chaud, un peu à l'orage, si le soleil luit par moments, l'essaim va partir [1].

---

[1] Tous les indices de l'essaimage donnent des espérances, mais nul n'est certain ; il peut même se faire qu'une ruche très forte n'essaime pas, tandis qu'une autre moins bonne le fait. En voici la raison : Il arrive souvent qu'un mauvais temps survient au moment où une bonne ruche allait donner son essaim ; il ne sort pas, et la reine tue les nymphes royales. Le beau temps survient pour le moment où une ruche moins forte est prête, tandis que la première n'est plus en mesure d'essaimer. — Voilà ce qui explique comment

Sortie de l'essaim. — Voici un des spectacles de la nature les plus émouvants dont on puisse jouir…. Entendez-vous ce bourdonnement qui augmente de plus en plus? c'est un essaim qui s'élance dans les airs. La porte n'est point assez large, la foule s'échappe comme un torrent impétueux; c'est une déroute générale, on s'étonne que tant d'abeilles puissent sortir d'une ruche et si précipitamment. L'air en est obscurci; c'est une nuée qui se meut et se croise en tous sens. Le temps est calme…. Regardez-les sans inquiétude; elles ne paraissent pas s'éloigner du rucher; laissez-les tranquillement se reposer sur quelque arbuste voisin.

Les gens de la campagne s'imaginent que c'est au carillon des poêles et des chaudrons qu'il faut attribuer le repos momentané de l'essaim. Il n'en est rien. Le vieil auteur franc-comtois disait déjà à cette occasion : « Ces charivaris m'ont paru d'une influence digne de mépris. » Pourquoi donc se perpétuent-ils de siècle en siècle? O force de la routine! A moins qu'on ne dise que c'est un moyen de constater le propriétaire de l'essaim.

Si l'essaim semblait vouloir s'éloigner, on l'arrête en lui jetant de la poussière, ou mieux en l'aspergeant d'eau avec un balai. Les abeilles craignent l'eau et s'abattent presque aussitôt qu'elles en sont atteintes.

La ruche destinée à recevoir l'essaim doit être en bon état de propreté. Si elle est vieille, il est prudent de faire

des ruches très fortes s'obstinent à ne pas essaimer, tandis qu'une ruche d'une qualité inférieure donnera un essaim, si le temps devient favorable dans le moment où elle sera dans de bonnes conditions pour essaimer.

un petit feu de paille dessous pour détruire les insectes qui peuvent s'y trouver. On peut aussi frotter l'intérieur avec quelques fleurs odorantes, comme le thym, la rose, ou y passer un linge humecté d'eau salée ; mais ces précautions sont inutiles si la ruche est propre. Dès que le groupe d'abeilles est formé, occupez-vous de le recueillir, de peur qu'il ne vous échappe. Après avoir mis votre masque ou camail, vous tenez d'une main la ruche dont vous présentez l'ouverture sous l'essaim ; de l'autre, vous secouez la branche vivement pour faire tomber toutes les abeilles dans votre ruche. Aussitôt vous la renversez légèrement et la posez sur le plateau disposé là, en ayant soin de placer une petite cale entre la ruche et le plateau pour faciliter l'entrée des abeilles. Ebranlées par tous ces coups, quelques abeilles s'envolent de nouveau et retournent à la branche. Elles semblent vouloir toutes fuir. Alors vous enfumez les abeilles restées à la branche, ou vous y mettez quelques herbes mouillées. Un quart d'heure après, tout est rentré, et vous portez la nouvelle colonie à la place que vous lui destinez, sans vous inquiéter des quelques abeilles qui voltigent autour de la ruche [1].... Elles travailleront dès le jour même. Si vous attendiez jusqu'au soir, elles ne travailleraient pas de suite, et vous auriez le désagrément de les voir revenir plusieurs jours voltiger à l'endroit de leur première station. Lorsque l'essaim va se

---

[1] Observation très sage de l'apiculteur rémois : Comme un essaim n'est jamais trop fort, il est avantageux de le placer de suite où était la mère ruche ; porter celle-ci à la place d'une colonie populeuse, et enfin mettre cette dernière n'importe où.

fixer à un tronc d'arbre, vous en approchez votre ruche d'une main, et avec une brosse ou un plumeau, vous balayez dedans toutes vos abeilles, *doucement* et *rapidement*. Dans toutes ces opérations, le point capital, c'est d'avoir la reine.

Si votre essaim s'est posé en un endroit d'un abord difficile, et qu'il vous soit possible de placer votre ruche dessus, vous emploierez la fumée pour les contraindre à y entrer.

Si la ruche n'est pas facile à mouvoir, comme le sont certaines ruches en bois ou la ruche à hausses, vous la posez sur son siège, mais élevée sur quelques cales de 3 à 4 centimètres. Après cette préparation vous ramassez les abeilles avec un cabas ou un poêlon, et vous les versez doucement à l'entrée de la ruche, où elles entrent de suite.

Du reste, il est maintes circonstances qui font varier les modes de recueillir les essaims et qu'invente l'habileté de l'apiculteur. Il est donc superflu de donner de plus longs détails.

Installation de l'essaim, son poids, ses premiers travaux. — Voilà notre essaim installé dans sa nouvelle demeure.... Comptez qu'il sera bon s'il pèse deux kilogr. — Comme les abeilles avant de partir se munissent de provisions de bouche pour trois jours, elles sont plus lourdes que dans leur état habituel. On a compté que chaque kilogr. d'abeilles, après leur émigration, contient 9 à 10 mille abeilles, tandis que dans un autre moment, le même poids en donne de 11 à 12 mille. Un essaim de 2 kilogr. donnera 20 mille abeilles environ, et remplira la moitié d'une ruche moyenne, c'est-à-dire que le volume apparent, surtout s'il fait bien chaud, est de deux ou trois fois plus grand que le volume réel.

Revenons à notre jeune colonie. Elle ne reste pas oisive dans sa nouvelle habitation. Quelques ouvrières, se transformant en menuisiers, vont polir les rugosités de la ruche et enlever les pailles inutiles ; les autres s'apprêtent à travailler aux constructions qui les logeront. Cinq ou six jours, si le temps est favorable, leur suffiront pour remplir de rayons l'espace qu'elles occupaient le jour de leur installation. Les trois premiers jours, les ouvrières ne charrieront pas de pollen, puisque les œufs pondus le premier jour n'éclôront qu'au bout de quatre jours.

Inspiré par une providence admirable, l'essaim emporte des provisions pour trois jours. Si le mauvais temps retenait à la maison les abeilles pendant cet espace de temps, il faudrait lui venir en aide en lui donnant du miel jusqu'au retour du beau temps.

Comme l'essaimage est un des points capitaux de l'apiculture, nous allons répondre à diverses questions qui nous ont été souvent adressées sur ce sujet.

1° *Est-il possible de provoquer la sortie de l'essaim ?*

R. Oui, lorsque la ruche est dans de bonnes conditions d'essaimage, c'est-à-dire qu'elle possède des bourdons et des reines au berceau. On provoque la sortie de l'essaim en versant un peu de miel liquide, une centaine de grammes, par l'ouverture au-dessus de la ruche. Les abeilles ne risquent pas d'être engluées, car le miel, qui est liquide, est vite absorbé par la population, qui alors est excessive. On verse le miel au milieu du jour, et l'essaim part le jour même ou le lendemain, si le temps est favorable à la sortie de l'essaim [1]. (Le temps est favorable lorsqu'il est doux, quelque peu orageux ; il est contraire lorsqu'il est sec et que la bise souffle.)

Ce procédé facile est dû à M. Greslot, habile apiculteur lorrain. Je ne le pratique pas, parce que mon principe est que l'enfant à terme arrivera assez tout seul. Mais je crois qu'on peut l'essayer avec succès pour les ruches qui s'obstinent à refuser le fruit de leur sein.

2° A quoi faut-il attribuer la rentrée des essaims ou leur dispersion dans toutes les directions ?

R. Quelquefois la pluie ou un grand vent font rentrer l'essaim, ou encore la chute de la reine à terre lorsqu'elle perd ses ailes ou qu'elle s'égare. Alors l'essaim rentre, mais souvent auparavant il cherche la reine partout avec inquiétude. On voit qu'il lui manque quelque chose. Dans ce cas, regardez de près en avant du rucher, vous trouverez la reine tombée dans les herbes ou dans quelque piège où elle aura été retenue.

3° Que faut-il faire lorsque deux colonies essaiment à la fois et se réunissent ensemble ?

R. Il faut bien se garder de les séparer, puisque tout le profit de l'apiculteur est dans les fortes populations. Pourtant, comme l'excès en tout ne vaut rien, si quatre ou cinq essaims se réunissaient, on pourrait les séparer

---

[1] On sait qu'au moment de leur émigration les abeilles se gorgent de miel. Ce procédé, puisqu'il aide à la nature, est donc rationnel.

en deux ou trois groupes, et recueillir les reines à part pour en donner une à chaque agglomération.

4° Puisque la réunion des essaims offre tant d'avantages, comment faut-il s'y prendre pour opérer leur réunion sans combat ?

R. Réunir de petits essaims, ou ¦des essaims forts mais tardifs, ou enfin joindre un essaim à une ruche faible mais à rayons encore jeunes, sont, en effet, d'excellentes opérations, d'où dépend en grande partie la prospérité de l'abeiller. Il est donc nécessaire de savoir bien s'y prendre.

Ayez soin de n'opérer vos réunions que le soir, à la tombée de la nuit, et observez les points suivants :

Si les essaims à réunir sont du même jour, enfumez-les d'abord jusqu'à bruissement ; bientôt, par un coup sec et ferme, faites tomber l'essaim le plus faible dans le plus fort ; puis, appliquez vite le plateau sur la ruche, et, les tenant joints ensemble, retournez-les dans leur position naturelle, et portez le panier à la place que vous lui destinez, car la réunion est faite.... Ou tout bonnement posez la ruche qui doit loger les deux essaims sur la terre bien unie, ou mieux sur un linge ou un plateau assez large ; mettez entre, une cale ou deux baguettes transversales de quatre à cinq centimètres, puis versez un essaim sur les bords ; cela fait, versez de même l'autre essaim sur le premier ; ils seront parfaitement mêlés [1]. La fumée, qui les a *mis en confusion*, vous

[1] Voici la manière d'opérer de M. le curé de Bonnal. Lorsque le soir arrive, il fait tomber sur un linge, ou un van, ou le chemin,

aidera encore à les faire entrer dans la ruche et à les rapatrier.

Si c'est un essaim du jour que vous voulez réunir à un autre des jours précédents, ne renversez pas ce dernier, à cause des constructions qui s'y trouvent déjà, mais élevez la ruche sur une cale, et, après avoir enfumé les essaims jusqu'à bruissement, secouez à l'entrée de la ruche que vous conservez les abeilles de la colonie que vous réunissez. Les abeilles, tombées à terre, débordent de toutes parts et semblent devoir vous échapper ; promenez alors un peu de fumée pour les contraindre à entrer dans la ruche…. Lorsqu'elles seront toutes rentrées, lancez encore quelques bonnes bouffées de fumée pour rétablir le bruissement ;… tout ira bien, et il n'y aura point de combat si le bruissement se soutient l'espace d'une demi-heure après la réunion.

Enfin, voulez-vous donner un essaim du jour à une ruche faible, vous pouvez employer l'un ou l'autre des moyens que nous venons d'indiquer ; je vous conseille le plus simple : renversez la ruche ancienne, — frappez un premier coup sur l'essaim, les abeilles s'enfoncent vite dans les rayons ; frappez un second coup, puis un troisième coup, qui fera tomber le reste.

Il est bien entendu que la fumée provoquera le bruissement avant et après l'opération.

un endroit sans herbe en un mot, le plus petit essaim, mais d'un seul coup sec, et il place de suite la ruche qui contient le meilleur essaim sur le tas d'abeilles ; et, si au bout de deux ou trois heures les mouches sont montées, il met la ruche à sa place, sinon, il attend le matin.

5° *Y a-t-il quelque autre moyen de rendre fort un essaim faible, — ou de rendre forte une ruche faible ?*

R. Voici le moyen : c'est d'enlever la ruche mère et de mettre l'essaim, aussitôt qu'il est recueilli, sur le plateau et à la place de celle-ci. Les abeilles restées sur le plateau, celles qui reviennent des champs, rendront bientôt votre essaim excellent. Quant à la ruche mère, elle occupera une nouvelle place. Comme elle était lourde, elle aura bientôt refait sa population. D'un côté, vous aurez un bon essaim, et, de l'autre, vous n'aurez pas à craindre que la ruche mère donne un essaim secondaire.

Il ne faut faire cette opération qu'au milieu d'une belle journée de travail et lorsque les fleurs donnent beaucoup de miel. La fumée même n'est pas nécessaire ; les abeilles, ardentes au travail et ivres du bonheur d'une belle journée, ne s'aperçoivent presque de rien.

En deux mots, voulez-vous rendre forte une ruche faible ? mettez la faible à la place de la forte, et celle-ci à la place de l'autre, moins les tabliers. Ceux-ci ne sont pas touchés. — Les abeilles qui rentrent des champs, tout occupées de leur travail, et qui reconnaissent leur tablier et en respirent l'odeur, se croient chez elles et ne songent nullement à se battre.

Y a-t-il possibilité d'envoyer des ouvrières à une colonie peu nombreuse ? Oui, assurément, c'est un ordre que vous pouvez donner à vos abeilles, et elles l'exécuteront de point en point. Vous avez une ruchée à faible population, ou dont la bâtisse date de 5 à 6 ans. Donnez-lui la souche d'un essaim dont la bâtisse ne sera pas vieille, et mettez cette souche par-dessus la vieille ruchée, et celle-ci, vous la supprimerez avant l'hiver.

Vous avez une ruchée dont la bâtisse n'est pas vieille et dont la population est faible ; donnez lui une souche à vieille bâtisse, et cette souche, mettez-la par-dessous la faible ruchée.

Dans les deux cas, laissez entre la ruche du bas et celle du haut une ouverture par laquelle les abeilles du haut pourront sortir et rentrer : c'est le moyen d'engager la mère et les abeilles à s'installer dans le haut pour l'hiver.

Y a-t-il moyen de transvaser des provisions apicoles dans une ruche neuve ?

Oui, le moyen le plus rapide et le plus économique est de fixer des rayons secs au haut des ruches et de tremper le bout de ces rayons dans de la *colle de menuisier*, et de les appliquer immédiatement à l'endroit où l'on veut les poser. On établit ainsi très vite des bâtisses artificielles. — En outre, avec de petits morceaux de cire réunis, on fait de grands rayons. La colle forte devient de la propolis.

Essaim d'un essaim, ou rejeton. — Dans nos climats, pour qu'un essaim de l'année en donne un autre, il faut une excellente saison ; encore n'aura-t-il guère de chances de succès. L'enfant de l'enfant arrivera trop tard, et ruinera sa jeune mère. — Réunissez-le donc à une ruche faible. — En général, pour prévenir un essaimage tardif, donnez des hausses ou des calottes à vos ruches, même aux essaims, lorsque les magasins commencent à s'emplir.

JUIN

Juin est pour l'apiculteur la continuation du mois de mai. Il achève de donner ce que mai n'a pu fournir en totalité. Vous allez donc continuer de vous occuper de la cueillette des essaims, et si vous ne voulez pas vous assujettir à la surveillance de votre rucher, vous allez faire vos essaims vous-même ; c'est ce qu'on appelle faire des essaims artificiels.

Si le temps va bien, mai aura donné la plupart des essaims *premiers* ou *primaires.* Ce sont incontestablement les meilleurs et les plus faciles à recueillir ; — les meilleurs, car trois ou quatre jours de plus ou de moins donnent une avance incroyable à la colonie sur ses cadettes. N'oublions pas que nous sommes au cœur de la saison mellifère, qu'elle dure à peine trois semaines ou un mois, et qu'un jour de beau travail peut donner 3 à 4 kilogr. de poids à la ruche. Les essaims *premiers* sont aussi les plus faciles à recueillir, parce qu'ils sont toujours conduits par la vieille reine, lourde et fatiguée de son immense ponte (1,000, 2,000, 3,000 œufs), et qui se pose toujours à quelques pas du rucher.

Il n'en est pas ainsi des essaims *seconds,* objet de tant de soucis pour l'apiculteur, et dont nous allons parler.

ESSAIMS SECONDAIRES

Leur annonce. Pour la complète intelligence de ce que nous allons dire, il faut se rappeler les notions données sur la formation des essaims. L'essaim secondaire est celui qui est produit par une ruche qui a déjà essaimé quelques jours auparavant. Il sort huit à dix jours après le premier ; le troisième, trois ou quatre jours après le second. L'essaim second, s'il est retardé par des contretemps, peut ne sortir que douze, quinze jours après le premier. Ce qui distingue encore les essaims secondaires des premiers, c'est qu'ils sont annoncés quelques jours auparavant par le *chant de la reine,* cri assez semblable au chant du grillon, ou, mieux, du diapason agité à de fréquents intervalles. — Prêtez l'oreille en approchant de la ruche, le soir, vous entendrez très distinctement ce chant accentué et dolent de la jeune reine tenue captive ; alors vous pouvez compter que vous aurez sous peu un second essaim, si un contretemps n'y met obstacle. Mais si le temps est mauvais pendant quatre ou cinq jours, vous entendez deux ou trois reines dont le chant est d'un ton plus ou moins aigu, selon leur âge. L'essaim, dans ce cas, sortira accompagné de plusieurs reines, ce qui fait courir à la ruche le risque de devenir orpheline si on ne lui rend son essaim.

Sortie et caprices des essaims secondaires ; manière de les recueillir ; ce qu'il convient d'en faire. — Les essaims secondaires sont en général plus à charge qu'à profit et arrivent rarement à bonne fin. — Volontaires et capricieux, surtout lorsqu'ils sont conduits par plusieurs reines, ils sont plus disposés à émigrer au loin. Quelquefois ils sortent et rentrent plusieurs fois avant de se fixer quelque part, ou se jettent en étourdis dans une ruche voisine, où ils portent la perturbation et la guerre civile. Généralement ils restent peu de temps fixés à la station qu'ils ont choisie, et, si on ne se hâte de les recueillir, volent se fixer plus loin. — D'autres fois, toujours lorsqu'il y a plusieurs reines, ils désertent la ruche dans laquelle on les avait logés, pour courir à d'autres aventures, et vous échappent ainsi pour toujours [1].

Voici dans ces cas ce que vous avez de mieux à faire. Vous vous efforcerez d'arrêter l'essaim en lui lançant de la poussière ou force gouttes d'eau avec une grande brosse ou un aspersoir quelconque. Dès qu'il sera fixé à une branche, dépêchez-vous de le recueillir sans vous inquiéter des quelques centaines d'abeilles qui voltigent autour de la ruche. — Si elles sont trop ardentes et qu'elles fassent mine de déguerpir, enveloppez la ruche d'un drap qui les retienne prisonnières. — Si l'essaim est faible et qu'il arrive un peu tard, donnez-le, le jour même, à une autre peuplade. Vous pourriez aussi le mettre à la place de la mère ruche et porter celle-ci plus loin, sauf à la dépouiller complètement le vingt-unième jour à dater de la sortie de son premier essaim.

Nous disons donc que le plus sage parti est de rendre l'essaim secondaire à une autre colonie ou à sa ruche mère, parce que probablement il ne pourrait amasser ses provisions d'hiver. Rien de plus facile que cette réintégration de l'essaim dans la ruche mère. Entre 5 et 6 heures du lendemain matin, vous renversez celle-ci sens dessus dessous, puis vous secouez une portion de l'essaim, un premier coup, puis un deuxième, puis un troi-

---

[1] Un moyen sûr de conserver l'essaim secondaire, c'est de lui donner un ou deux rayons de couvain pris dans une autre ruche.

sième coup sec et ferme. Les abeilles tombent et s'enfoncent dans les rayons. Vous remettez ensuite la ruche sur le plateau. La réunion est faite, vous pouvez même vous dispenser d'employer la fumée. Comme c'est la même famille, nos gens se reconnaissent vite, et nul combat n'est à craindre.

Si vous aimez mieux l'autre méthode indiquée pour la réunion des essaims, vous posez la ruche mère sur deux baguettes, vous secouez l'essaim à terre, vous employez la fumée pour hâter leur rentrée, et quelques minutes après vous reportez la ruche à sa place; la confédération est faite. Quant aux quelques abeilles retardataires, laissez-les là. Elles sauront bien retrouver la mère patrie.

Puisque les essaims secondaires donnent tant de tracas et sont d'un si maigre profit, *vous désirez savoir s'il n'y a pas quelque moyen d'empêcher leur sortie.* — Oui, il en est plusieurs que nous ne faisons qu'indiquer : comme de mettre l'essaim primaire à la place de la souche, et celle-ci à un autre endroit quelconque, ainsi que nous l'avons vu plus haut; — ou donner une hausse ou une calotte après le départ de l'essaim primaire. — Un autre moyen consiste à détruire soit les cellules des reines au berceau, lorsqu'on entend leur chant, soit les bourdons dans leurs alvéoles à l'état de chrysalides, le jour ou le lendemain de la sortie de l'essaim primaire. Pour en venir à bout, on renverse la ruche, et, au moyen de la fumée, on écarte les abeilles pour reconnaître les alvéoles de bourdons, faciles d'ailleurs à distinguer par leur couvercle proéminent; puis, avec un couteau ou une serpette bien tranchante, on coupe la partie saillante des rayons qui les contient.

Cette opération offre un autre avantage, celui de débarrasser le ménage de beaucoup de gros viveurs fainéants et dépensiers.

ESSAIMS ARTIFICIELS

On appelle *essaims artificiels* ou forcés les colonies qu'on forme par *artifice*, en prévenant l'émigration naturelle et volontaire.

Faire un essaim artificiel est donc d'une famille d'abeilles en faire deux. L'opération aura réussi si chaque colonie a une reine ou le moyen d'en établir une.

Pour ne pas travailler en vain, il est nécessaire de choisir le moment favorable, je veux dire qu'il faut que la ruche soit dans de bonnes conditions d'essaimage : apparition des faux-bourdons depuis quelques jours, ce qui indique des reines au berceau, — ruche populeuse et bien fournie de provisions [1], — une belle journée de travail, et choisir le moment où les ouvrières sont aux champs, de 9 à 3 heures. — Au moins choisissez une température douce et qui offre l'espoir de beau temps, pour que vous ne soyez pas obligé de nourrir l'essaim. Car il est essentiel de remarquer qu'il faut nourrir l'essaim artificiel dès le lendemain si le temps est mauvais, au lieu que l'essaim naturel, se gorgeant de miel au mo-

---

[1] Cinq à six kilogr. de miel, sans compter le pollen et le couvain, qui, à cette époque de l'année, pèsent presque autant. — Il n'est pas même nécessaire que les bourdons aient déjà paru, si la ruche est très forte.

ment de sa sortie, peut passer trois jours de repos forcé sans périr de faim.

Voici comment vous opérez. Avec votre tampon fumant vous envoyez un peu de fumée aux abeilles qui sont à l'entrée, puis vous décollez doucement le panier et vous faites encore pénétrer un peu de fumée dans l'intérieur. Ensuite vous prenez doucement votre ruche et la renversez avec précaution sur un trou pratiqué dans la terre, ou entre trois pierres, de manière que les rayons soient bien droits et ne se plient pas de côté et d'autre, ce qui serait fatal pour le couvain. En réunissant votre ruche, vous avez soin, pour la même raison, de tourner sur le bout des gâteaux et non sur le côté [1]. Votre ruche ainsi placée à ciel ouvert, vous la coiffez d'une ruche vide de même dimension (fig. 22), vous fermez toutes les ouvertures entre les deux ruches au moyen d'une cravate ou ceinture, pour empêcher la sortie des abeilles ; puis, deux baguettes à la main, vous frappez la ruche pleine à petits coups répétés, en bas d'abord et tout autour. Ne frappez pas trop fort pourtant, crainte de détacher les gâteaux. Les abeilles, inquiétées par ce bruit incessant, montent en masse dans la ruche vide, et, si le temps est favorable, cinq à dix minutes suf-

---

[1] Si on a la précaution de faire toujours converger les rayons de la ruche dans le sens de la porte, c'est-à-dire de manière que le bout des rayons aboutisse à la porte et non au flanc, alors on sait comment il faut verser les ruches en les détournant. Avec cette précaution il n'arrive pas d'accident. Lorsqu'on ne sait pas comment les rayons de la ruche à essaimer sont tournés, on s'en assure en ôtant la bonde de l'ouverture supérieure.

fisent pour les faire presque toutes monter, ce que vous reconnaîtrez au bourdonnement énergique de la ruche du dessus.

Lorsque vos abeilles sont presque toutes montées, vous séparez vos ruches sans secousse, et vous portez l'essaim et la ruche mère à la place qu'occupait celle-ci, de manière que ni l'essaim ni la ruche mère ne soient tout à fait à la place première, mais en occupent chacune la moitié. Par cette petite ruse, les abeilles qui reviennent des champs rentrent, à peu près en nombre égal, soit dans l'une, soit dans l'autre ruche, et de cette façon les populations s'équilibrent à peu près, et tout va parfaitement. Si l'essaim devient un peu trop fort, on l'éloigne quelque peu de la place de la mère ruche et on rapproche d'autant celle-ci, afin que les abeilles rentrent en plus grand nombre dans la ruche mère. Si c'est la ruche-mère qui se conserve trop forte, on la retire du côté opposé en faisant suivre l'essaim. On peut aussi mettre un peu d'herbe ou une petite pierre près de la porte de la ruche, pour empêcher que les abeilles ne rentrent en si grand nombre dans la ruche déjà trop forte. Avec ces petits soins, qui sont seulement pour le jour où l'on fait l'essaim, on obtient des colonies à peu près de la force qu'on désire.

On comprend que pour placer convenablement les essaims dans le rucher, il faut avoir soin à l'avance de laisser une place vide à côté de chacune des bonnes ruches dont on veut tirer un essaim artificiel pour l'y caser. En voici la raison : c'est que les abeilles que l'on fait sortir pour l'essaim ne sortent pas dans l'intention de ne pas rentrer dans leur mère ruche. C'est le contraire pour l'essaim qui vient naturellement. Voilà pourquoi on peut placer celui-ci indifféremment où l'on veut dans son rucher.

Le meilleur serait de porter l'essaim artificiel dans un autre rucher à un kilomètre au moins de distance, autrement les abeilles reviendraient en grand nombre dans leur mère ruche ; mais lorsqu'ils sont à cette distance au moins, tout se passe comme dans l'essaim naturel et va bien.

Autre combinaison qu'il faut préférer.

Pour mieux assurer l'avenir de votre essaim artificiel, vous ferez bien de procéder de cette manière : vous placerez l'essaim à la place de la mère ruche et vous mettrez la mère ruche à la place d'une autre colonie riche en population. — Quant à celle-ci, vous la porterez dans un autre endroit quelconque, et ainsi, au lieu de deux familles, vous en aurez trois.

Voici ce qu'il arrivera de vos trois colonies : 1° l'essaim ira très bien parce qu'il recevra toutes les abeilles de la mère ruche dont il occupe la place ; 2° les abeilles de la ruche déplacée entreront sans difficulté dans la mère ruche, qui recouvrera ainsi une forte population.— Quant à la ruche déplacée, si elle était riche de provisions et de population, soyez sans inquiétude sur son compte ; *elle se refera assez.* — Pendant les trois ou quatre premiers jours, il est vrai, ce sera la solitude et le silence à sa porte. Il sortira peu de monde et personne ne rentrera. Mais attendez quelques jours.... Des milliers d'abeilles au berceau vont devenir adultes ; partant, la reine continuera sa ponte, et, dans dix ou quinze jours, cette colonie redeviendra l'une des meilleures de votre rucher. Elle n'essaimera pas, il est vrai, mais elle vous dédommagera par d'abondants ruisseaux de miel. Comme je tiens avant tout aux fortes populations, je préfère encore ce mode d'agencement des ruches pour les essaims artificiels.

Ces diverses opérations, qui réussissent toujours lorsqu'on procède à temps et avec·intelligence, prouvent une fois de plus que l'apiculteur fait tout ce qu'il veut de ses abeilles, comme l'arboriculteur de son arbre.

Recommandation à propos de l'essaimage artificiel et moyen de connaître si l'essaim a réussi. — Lorsque vous avez ôté de sa place la ruche dont vous voulez tirer un essaim, n'oubliez pas de mettre au même endroit une ruche vide placée sur son tablier, pour recevoir les abeilles qui reviennent du pâturage : autrement elles porteraient la perturbation dans le rucher et peut-être iraient se faire tuer par leurs voisines.

Nous avons dit que l'essaim artificiel n'était fait qu'autant qu'il possédait la reine. Si au bout d'une heure vous remarquez que les abeilles de l'essaim courent en tous sens et s'agitent dans la ruche, c'est que la reine n'y est pas. Elles vont retourner une à une à la ruche mère. Alors votre opération a été manquée, et si vous ne vous découragez pas, vous en serez quitte pour recommencer le lendemain.

M. l'abbé de Domprel, à qui j'ai emprunté la plupart de ces détails sur la manière de faire des essaims artificiels, détails plus longs à décrire qu'à mettre en pratique, s'assure toujours, pour prévenir tout mécompte, si la reine est entrée dans la ruche où il a fait monter les abeilles. Voici comment il s'y prend. Il enlève cette ruche et cherche la reine. Il l'aperçoit très souvent du premier coup d'œil. Lorsqu'il ne la trouve pas promptement, il prend son couteau ouvert, et avec la lame sépare doucement ses abeilles en commençant à un bord de la ruche pour en faire le pourtour. Les abeilles se séparent, et il découvre facilement la reine. S'il ne la trouve pas, il fait monter les abeilles dans une deuxième ou troisième ruche, jusqu'à ce qu'il l'ait trouvée.

Un moyen très efficace de les faire monter promptement, c'est de les refouler dans la ruche en soufflant fort avec sa bouche sur les abeilles tout à travers la ruche, de mettre ensuite une ruche vide et de continuer à faire monter. Lorsqu'il a ainsi les abeilles dans plusieurs ruches et qu'il veut les réunir pour former l'essaim, il prend la ruche dont il veut faire sortir les abeilles, et la frappe fortement avec le plat de la main. Toutes les abeilles tombent au fond de l'autre ruche comme si l'on vidait un double de froment. Il ne faut pas craindre de faire monter beaucoup d'abeilles pour avoir un fort essaim. Dans les beaux jours, où beaucoup d'ouvrières sont aux champs, on peut prendre toutes celles qui se trouvent dans la ruche mère. — Dans toutes ces opérations, les abeilles, intimidées, se montrent douces comme des agneaux.

Cette précaution de s'assurer si on a la reine, bonne en toute circonstance, est surtout nécessaire lorsqu'on veut transporter son essaim loin de son rucher, parce que, si on n'avait pas la mère, on aurait un corps sans âme.

La durée du tapotement est de 10 à 20 minutes. Au bout de 20 minutes, l'essaim artificiel réussit toujours.

Y a-t-il profit, en général, à faire des essaims artificiels plutôt que d'attendre les essaims naturels ?

R. Non, je ne le crois pas; mon avis est que l'art ne fait jamais aussi bien que la nature, surtout dans ces sortes de choses. Aussi je fais peu d'essaims artificiels. J'en ai commis seulement quelques-uns pour l'acquit de ma conscience et pour m'assurer qu'ils étaient possibles. Encore dois-je ajouter, pour être juste, que j'en ai été moins content que des essaims naturels.

Mes deux ruchers sont à deux pas de ma chambre, sous ma fenêtre. De ma table d'étude, sans même me déranger, je vois le nuage tournoyant, j'entends le bourdonnement des abeilles qui émigrent. Si je suis absent, mes gens, qui butinent par le jardin avec mes abeilles, occupés à planter la salade, à cueillir des fraises, sans se déranger nullement, ont l'œil et l'oreille au rucher. Mes peuplades, d'ailleurs, fournissent bien assez, trop peut-être d'essaims; comment donc me donnerais-je le travail d'essaims forcés ?

Condamnez-vous donc absolument les essaims artificiels ?

R. Non, assurément, je serais l'ennemi de l'art et du progrès. Il est des cas où il faut que l'homme supplée à l'œuvre de la nature. Je suppose que vous n'ayez que trois ou quatre colonies dans votre abeiller, il est clair que vous ne pourrez pas vous astreindre à surveiller l'essaimage. Le moment venu, prévenez l'œuvre de la nature et faites vos essaims vous-même. Ou bien votre rucher est éloigné de votre habitation, c'est encore le cas d'avoir recours aux essaims artificiels ; ou enfin vous avez une ruche grosse d'un essaim qui lasse votre patience : dans ce cas encore, forcez la nature et arrachez de son sein l'enfant qui se fait tant attendre. Hors ces cas, soyez sobre d'essaims artificiels, vous pourriez avoir trop de mécomptes à subir, et la peine passerait le profit.

Dernière observation. — Aujourd'hui, ma manière de voir sur les essaims artificiels s'est bien modifiée ; voici à quelle occasion. Depuis que j'ai dû changer de domicile et me séparer du voisinage de mes abeilles, du moins jusqu'à l'hiver prochain, où elles viendront me retrouver à mon nouveau logis, s'il plaît à Dieu, la surveillance du rucher n'étant plus possible, les essaims artificiels devenaient une nécessité pour moi. — J'y ai donc eu recours largement. —Tout a réussi à souhait.... quelques minutes suffisaient à l'opération. Un jeune homme, après m'avoir vu opérer une fois, en a fait seul un grand nombre avec un succès complet. Donc, réparation d'honneur aux essaims artificiels !

M. l'abbé de Domprel, à qui j'avais d'abord fait quelques objections contre la pratique des essaims forcés, m'a adressé cette réponse qui confirme ma dernière observation : « Je persiste, m'écrit ce praticien hors ligne, à regarder comme avantageuse la pratique des essaims artificiels. A quelques exceptions près, je mets moins de temps à faire mes essaims qu'à les ramasser. Je soutiens que la ruche que je fais essaimer, surtout si c'est une ruche qui *barbe*, fera plus d'ouvrage ce jour-là que si je ne l'avais pas fait essaimer, parce que l'essaim mis en place de suite travaille avec plus d'ardeur que ne le faisait ma ruche qui *barbait*. De son côté, la mère ruche, débarrassée de son trop-plein, se ranime aussi et veut réparer les pertes qu'elle vient de subir. Je ne me suis jamais aperçu, continue M. Bailly, qu'un essaim artificiel d'égale force l'ait cédé à un autre, sous quelque rapport que ce soit. — Quant aux accidents, depuis 29 ans j'ai fait un grand nombre d'essaims (plus de 800, peut-être 1,000), il ne m'est arrivé que quatre mécomptes, et même une seule fois l'accident a causé la perte de la mère ruche, mais l'essaim en a mieux valu, et le miel, qui était là en abondance, n'a pas été perdu. Je me trouve donc bien de ma méthode et je continuerai le temps que le bon Dieu voudra m'accorder. — Un de mes essaims artificiels de l'année dernière a donné une capote de 8 kilogr., sans compter un égal poids de miel que possède encore la ruche, et ce cas est loin d'être unique. » L'apiculteur de Reims m'écrit, de son côté, que l'essaim artificiel est préférable, sous tous les rapports, à l'essaim naturel. — Voilà assurément un grand encouragement pour les amateurs d'essaims artificiels ; — mais je les prie de ne pas oublier que le succès ne leur est assuré qu'à trois conditions : saison florale pas trop avancée, population exubérante, et magasins de miel honnêtement remplis.

A quelle époque peut-on cesser la surveillance de

la sortie des essaims et s'abstenir d'essaims artificiels ?

R. On connaît que la saison des essaims touche à sa fin au ralentissement d'ardeur des abeilles pour le travail. Ce n'est pas le repos, non ; mais ce n'est plus la même précipitation, le même mouvement incessant de va-et-vient. Le bruissement des colonies même très populeuses n'est plus le même. D'éclatant et d'aigu qu'il était, il devient grave et calme.. Un indice encore plus sûr, c'est la guerre que les ouvrières font aux bourdons devenus à charge à la communauté. Cela indique non seulement qu'il n'y a plus d'essaims à attendre, mais, bien plus, que les fleurs deviennent rares et la campagne stérile. Dès lors, vous pouvez cesser une garde inutile à votre rucher et ne plus songer aux essaims artificiels.

Lequel est le plus avantageux et donne le plus de profits, que les ruches essaiment ou n'essaiment pas ?

R. Un proverbe banal dit : *On ne peut avoir le lait de la vache et nourrir le veau en même temps.* Ne tenez donc pas trop à l'essaimage de vos ruches. Les peuplades faibles au printemps, et on peut compter qu'il y en a près de la moitié dans ce cas, s'épuiseraient à essaimer et donneraient des enfants faibles et tardifs, aussi malheureux que leurs mères. Au contraire, il y a profit à faire essaimer les colonies fortes et populeuses. Elles donneront peu de miel, il est vrai, l'essaim non plus ; mais au printemps suivant on aura deux bonnes ruches, l'essaim et la mère, qui vous indemniseront largement du miel que vous auriez eu en empêchant l'essaimage. Le meilleur parti que vous avez donc à prendre, c'est de tenir un sage milieu entre l'essaimage et le non-essaimage, — c'est-à-dire que vous ne permettrez pas aux ruches faibles d'essaimer. Vous favoriserez, au contraire, l'essaimage des fortes peuplades en leur laissant de bonnes provisions au printemps et en n'agrandissant pas le logement par la superposition ou autrement, si ce n'est le jour même ou le lendemain de la sortie de l'essaim.

Du reste, répétons ici une observation qu'il ne faut jamais oublier : c'est que, dans toutes ces choses, on ne peut établir de procédés invariables. La direction des abeilles est une affaire de lieu et de temps. Une méthode bonne pour telle localité ou telle année pourra se trouver en défaut et exiger des modifications dans telle autre localité ou telle autre année. L'apiculteur doit surtout être observateur et s'inspirer des circonstances afin de faire l'application des bons procédés en temps opportun. Ainsi, pour le sujet qui nous occupe, disons encore que dans les mauvaises années il est toujours fâcheux qu'une ruche essaime : mère et fille ne prospèrent pas ; tandis que dans les bonnes années, 1884 par exemple, toutes les ruches essaimèrent plusieurs fois, et on vit prospérer tous les essaims, même seconds et troisièmes. Il est vrai que, en cette année, l'essaimage était fini les premiers jours de juin. J'en dis autant de l'année 1871, pendant laquelle l'essaimage dura six semaines, et où tout prospéra, même les essaims des essaims.

Saison d'Été

JUILLET

A partir de la Saint-Jean, il ne faut plus songer aux essaims, excepté dans les contrées de bruyères ou de sarrasins, ou dans les montagnes. Ailleurs ils ne pourraient pas amasser de provisions suffisantes pour passer l'hiver. Mais, en revanche, voici venu le temps où vos abeilles vont vous récompenser des soins que vous leur avez donnés. Votre prime, n'en doutez pas, sera en proportion de l'assiduité et de l'intelligence de ces soins. Mais prenez garde de leur enlever au delà de leur superflu, car vous pourriez compromettre leur existence et les exposer à mourir de faim pendant la saison rigoureuse.

Ruches qui ont un excédent de provisions bonnes à récolter et miel nécessaire pour la saison morte. — Dans la plupart de nos contrées, les abeilles, depuis la mi-juillet jusqu'à septembre, n'amassent guère que pour leur entretien journalier. Bien plus, il arrive souvent qu'une ruche est moins lourde en automne qu'au mois de juillet, sans que le miel soit en moindre quantité, parce que l'absence de couvain et la disparition des bourdons allège le poids de la ruche de 6 à 700 grammes.

Avant de récolter une ruche, il est essentiel de savoir combien il faut lui laisser de provisions pour ses quartiers d'hiver. Or, des faits acquis et de nombreuses expériences ont démontré que, pour passer la mauvaise saison, il fallait à une colonie d'abeilles de 6 à 7 kilogr. de miel. (Colonie forte ou faible, n'importe ; chose étonnante et qui prouve une fois de plus combien il est avantageux de n'avoir que de fortes populations.)

Lorsque vous procédez à la récolte du miel, faites donc en sorte de laisser toujours un excédent de 7 à 8 kilogr. de miel au moins. Alors vous dormirez sans inquiétude sur le sort de vos abeilles. — Pour arriver à ce résultat, vous devez connaître à peu près le poids de la

ruche vide, soit . . . . 2 kil.

celui de la cire, soit environ 1

Poids des abeilles 2

— du couvain 1

— du miel 8

Soit en tout . . . . . . 14 kil.

Il y a deux manières de peser les ruches : 1° à la main, en les soulevant doucement. De cette manière on a le poids approximatif, mais une main un peu exercée ne s'y trompe guère. 2° L'autre manière, plus sûre, est de les peser avec la *romaine*. On passe une double corde sous la ruche et on a le poids sans déranger en rien les abeilles.

Moment de récolter le miel. — On peut récolter le miel à toute époque, l'hiver excepté, pour ne pas troubler l'engourdissement des abeilles. On est libre, par conséquent, de différer la récolte partielle du miel sur les ruches communes jusqu'à la fin de l'hiver, aux premiers beaux jours du printemps. Cette méthode est la plus sûre et la moins sujette à inconvénients ; mais on sait que le miel qui a passé l'hiver dans la ruche est moins blanc et moins bon que celui qu'on récolte en été, lorsqu'il est tout frais et conserve tout son parfum [1]. Lorsqu'on fait ces récoltes partielles en été, il ne faut pas attendre plus tard que le commencement de l'attaque des bourdons. Si vous différiez à une époque où il n'y a plus de fleurs, les abeilles, devenues hargneuses et intraitables, vous permettraient difficilement de toucher à leurs magasins et lasseraient votre patience. Cela établi comme règle générale, nous posons en principe qu'il est avantageux de faire la grande récolte après l'essaimage, au mois de juillet et lorsque les abeilles commencent à donner la chasse aux bourdons.

Voici la manière de procéder à cette opération, suivant les différentes formes de ruches.

Récolte sur les ruches à hausses. — On ne doit récolter les ruches à hausses que lorsque les étages sont pleins. Si la ruche a un dôme ou calotte, c'est uniquement ce dôme qui sera récolté. S'il n'y a pas de calotte, c'est l'étage supérieur. La récolte faite, on pourra substituer une calotte ou une hausse vide au dôme plein. La hausse sera placée sous les autres. On aura soin de frapper légèrement

---

[1] M. l'abbé Bailly m'observe qu'il n'aime pas faire de récoltes partielles avant l'hiver (quoique le miel soit meilleur), dans la crainte de faire des vides dans la ruche, ce qui procure un air souvent nuisible aux abeilles pendant la saison des frimas. Dans ce cas, il remplit le vide de sa ruche avec de la mousse sèche qu'il enveloppe dans du papier pour ne pas laisser de brins d'herbe dans la ruche. Bien plus, il ne dégarnit qu'un côté de la ruche, et se garde bien de faire des vides en deux endroits. C'est au premier printemps qu'il fait la plupart de ses récoltes.

Nous aussi, nous ajournons toujours au printemps nos récoltes de l'intérieur de la ruche, parce que cette saison offre moins d'inconvénients et de dangers que la saison d'été.

dans le bas de la ruche pour y attirer la reine et la foule des ouvrières.

Si on ne prend de la calotte qu'un ou deux gâteaux, ou que les rayons de cire ne soient pas encore pleins de miel, on remettra avec soin la même calotte. Il faudra bien éviter de râcler trop fortement, de crainte d'enlever la propolis.

Récolte sur les ruches communes. — Il y a trois manières de la faire. 1° On peut faire une récolte *partielle* en enlevant quelques gâteaux avec les précautions que nous avons indiquées au mois de mars.

2° *Par transvasement total*, 21 jours après qu'elle a essaimé, c'est-à-dire lorsqu'il n'y a plus de couvain. On transvase les abeilles dans une ruche vide, on les réunit à une autre colonie, et on s'empare de tout ce qui est dans la ruche, miel et cire.

La troisième manière, c'est de renverser la ruche à récolter et de la coiffer de la voisine, qui est plus forte ou jeune.

Voici une des opérations les plus avantageuses de l'apiculture, celle dont, pour mon propre compte, j'ai toujours eu à m'applaudir.

Avez-vous dans votre abeiller quelques ruches dont les cires soient vieilles, ou qui n'aient pas de reine, ou qui manquent de provisions suffisantes pour l'hiver, vous ne pouvez pas, vous ne devez pas les conserver. — Les étoufferez-vous, comme aucuns le font (aucuns que devrait atteindre la loi Grammont)? ce serait de la cruauté à sangfroid et en pure perte.

Que ferez-vous donc? Vous les réunirez à d'autres de

la manière que nous allons indiquer, en vue d'obtenir une récolte totale de l'une des deux ruches réunies, 21 jours ou plus après la réunion, lorsque tout le couvain est éclos.

D'abord vous devez bien choisir votre moment (le commencement de la guerre aux bourdons). Il faut une belle journée de travail (de 10 à 4 heures), où les abeilles, tout à leur affaire, ne s'aperçoivent de rien et sont bien reçues partout. Vous examinez quelles sont les ruches à supprimer, et quelles sont les voisines auxquelles vous pouvez les réunir.

En voici une qui est vieille, languissante ou légère ; sa voisine est forte et bonne à conserver. Faites jouer l'enfumoir sur l'une et l'autre ruche jusqu'à *bruissement*. — Après que vous les avez soulevées avec une petite cale, vous enlevez pour un moment la ruche forte ; vous mettez la ruche faible à sa place, après que vous l'avez renversée sens dessus dessous. Enfin vous reprenez la ruche forte et vous la placez sur l'autre ; ainsi la ruche forte coiffe la ruche faible (fig. 22). Vous ne laissez qu'une petite entrée aux deux ruches ; vous calfeutrez avec soin, et, en quelques minutes, vous pouvez ainsi opérer une dizaine de ruches.

Il est inutile de dire pourquoi il est avantageux de réunir les ruches voisines. Les abeilles, essentiellement *casanières*, retrouvent vite le logis et ne s'aperçoivent de rien, surtout si elles sont très affairées.

Etudions maintenant ce qui va se passer dans nos ruches ainsi réunies. — D'abord il n'y aura pas de combat entre les colonies, parce que la fumée les a mises en état de confusion et que l'opération s'est faite au milieu d'un beau jour de travail. Les reines se demanderont en duel, l'une périra ; la confédération suivra les lois de la plus forte ; voilà tout. Les mouches déserteront peu à peu la ruche inférieure renversée pour monter dans l'autre. La reine fera ses œufs dans celle-ci. Au bout de 21 jours (ou plus), vous pourrez enlever la ruche inférieure, dont tout le couvain sera éclos, et vous emparer des provisions. Il ne restera alors que la ruche supérieure. — Si le contraire de ce que nous venons de dire était arrivé, c'est-à-dire si la reine avait fait sa ponte dans la ruche inférieure, c'est celle-ci qu'il faudrait conserver en la mettant dans son sens naturel, après avoir enlevé l'autre, qu'on dépouillerait ensuite.

La ruche enlevée vous donne une belle et facile récolte, que vous recueillerez de la manière que nous allons indiquer tout à l'heure.

Récolte sur les ruches à calotte SUPERPOSÉES. — Rien de plus simple : lorsque vous remarquez que la ruche supérieure est pleine de miel, qu'il doit peu y rester de couvain, et que les abeilles ont garni de rayons la ruche inférieure, vous enlevez la ruche supérieure après avoir, comme toujours, projeté quelques bouffées de fumée pour calmer les abeilles, et vous mettez une calotte vide à la place de la ruche enlevée. C'est, comme vous le voyez, un simple décalottage et recalottage. Vous trouverez là la plus avantageuse de vos récoltes ; ce doit être la principale. Nous dirons tout à l'heure comment il faudra vous y prendre pour faire déguerpir les abeilles de la ruche à récolter.

Comme condition de succès, ayez soin de n'enlever la ruche supérieure que lorsque la ruche inférieure aura ses magasins suffisamment remplis pour l'hiver ; sinon vous devrez compléter ses provisions alimentaires avec du miel inférieur ou du sirop. Vous ferez bien de placer une calotte sur le corps de ruche restant.

Si la ruche inférieure n'avait que peu de provisions, ce serait celle-là qu'il faudrait enlever, et mettre la ruche supérieure à sa place.

Récolte des chapiteaux, calottes, ou calottage, décalottage, recalottage. — Nous avons dit, à l'endroit des travaux du mois de mai, quand il convenait de mettre une calotte à la ruche. Il faut, pour que les abeilles travaillent dans la calotte, que la ruche soit pleine. — Donner un chapiteau à une ruche presque vide ou faible de population serait perdre son temps et sa peine.

Si le temps est favorable et que la colonie regorge de monde, on peut encore, au mois de juillet, agrandir le logis au moyen de la calotte. Les abeilles s'y réfugieront et pourront encore la remplir, surtout les colonies qui n'ont pas essaimé.

Décalottage. — La récolte des calottes est une des plus douces jouissances de l'apiculteur. C'est moins un travail qu'une récréation. Vous profiterez pour le faire, comme pour la plupart des autres opérations, du moment où beaucoup d'abeilles sont aux champs. — Voici comment vous vous y prenez. Après l'avoir décollée doucement, vous enlevez la calotte et la posez un instant à terre, puis vous mettez une autre calotte vide (avec sa greffe), ou vous bouchez l'ouverture, si la saison mellifère est passée.

Vous transportez ensuite votre calotte dans une chambre dont la fenêtre est fermée. Au bout de quelques minutes vous ouvrez la croisée. — Les abeilles, qui se voient isolées, se troublent et déguerpissent vite une à une. Leur départ serait encore plus prompt si les volets à peine entr'ouverts laissaient la chambre dans une demi-obscurité.

A défaut de chambre, vous posez tout bonnement votre colotte sur le sol, comme si elle était sur son tablier. Vous amenez de la terre tout autour, en ne laissant qu'une ouverture. Les abeilles, qui se verront isolées et sans reine, se hâteront de fuir. Vous enlevez alors la ca-lotte et la déposez en lieu sûr, avant que d'autres abeilles, attirées par l'odeur du miel, viennent la piller.

Si, au bout d'un quart d'heure, vos abeilles ne son-geaient nullement à abandonner la calotte, c'est que la reine serait là. Vous devriez alors transvaser les abeilles dans une calotte vide, au moyen du tapotement, comme nous l'avons indiqué pour les essaims artificiels. Les abeilles une fois montées dans la calotte vide, vous les verseriez à l'entrée de leur ruche. — Ce troisième mode (transvaser les abeilles dans une calotte vide) est facile et expéditif. C'est celui qu'il faut préférer.

Quand faut-il récolter les calottes, et quand en donner de nouvelles ?— Vous récoltez les *calottes* quand elles sont pleines, ce dont vous vous apercevez facilement en frap-pant contre. Si la calotte est vide, le son est clair ; si elle est pleine, le son est sourd, comme celui d'un tonneau plein.

Si la saison est avancée ou mauvaise, vous êtes libre

de différer l'enlèvement de la calotte quand bon vous semblera. Si, au contraire, la saison est bonne ou peu avancée (juin, juillet et même août quelquefois), ne manquez pas de remplacer la calotte pleine par une vide. Les abeilles ne vous demandent que des greniers pour leur récolte. Auriez-vous le courage de les leur refuser ?

Quand il pleut en août, dit le proverbe, *il pleut miel et moût.* — Le proverbe est vrai pour les pays où croissent les bruyères ou le sarrasin. Mais c'est juillet qu'il faudrait plutôt dire chez nous [1]. — Ces pluies douces et chaudes de l'été font suinter la miellée des feuilles de certains arbres, et font pousser dans les guérets et dans les éteules des plantes, telles que le trèfle blanc, le sénevé, etc., qui produisent de la picorée aux abeilles. Un été chaud et humide est donc un temps riche pour l'apiculteur. Les fleurs, sans cesse rafraîchies par de légères rosées, conservent leur vigueur, et la sécrétion du miel est abondante. Profitez donc de cette moisson ; changez les calottes, les bocaux, les chapiteaux ; intercalez des hausses vides entre les hausses pleines de vos fortes colonies. En quelques jours vos infatigables ouvrières rempliront d'un nectar délicieux ces bocaux, ces calottes, que vous leur aurez fournis, tandis qu'elles resteraient inactives si vous ne saviez pas en temps opportun exciter leur courage et profiter de leur merveilleuse industrie.

---

[1] L'année 1882, qui a peu donné pendant l'été, pluvieux et nuageux, a fourni d'abondantes récoltes pendant les mois d'août et septembre. Tant il est vrai qu'on ne peut rien affirmer de positif et d'invariable, et que la Providence se plaît quelquefois à déjouer tous nos calculs.

Si, au lieu de cette température chaude et humide, un soleil brûlant et le vent du nord dessèchent les plantes, ou encore si des pluies froides et continues surviennent, qui arrètent la sécrétion du miel, vos ouvrières seront condamnées à un repos forcé, et vous devrez plutôt nourrir vos jeunes colonies qu'en attendre des récoltes.

AOUT

Août est un mois de repos pour l'apiculteur et un peu aussi pour les abeilles. Cependant, si vous êtes soucieux de la prospérité de votre rucher, vous ne manquerez pas d'y faire une tournée, pour vous assurer si quelques colonies n'ont pas perdu leur mère, malheur qui arrive surtout aux ruches faibles ou qui ont donné plusieurs essaims. Vous examinerez donc avec soin, au milieu du jour, le mouvement de va-et-vient à la porte de chaque colonie. Si à cette saison avancée de l'année les bourdons, ces viveurs oisifs et dépensiers, expulsés de partout, se montrent encore dans quelques ruches pauvres en monde et où le travail est lent, n'en doutez pas, la colonie est orpheline, la reine a péri. Si vous en doutez, visitez l'intérieur de la ruche.... Vous verrez beaucoup de pollen, peut-être quelques cellules de bourdons, mais pas de traces de couvain d'ouvrières. Il n'est que trop vrai que la cité a perdu sa reine. Il n'y a tout au plus que de fausses mères, autrement des ouvrières pondeuses.

Quel parti tirer de la colonie orpheline ? — Vouloir conserver une ruche qui n'a pas de mère serait folie, puisque sa ruine est imminente. Il n'y a donc qu'à choisir entre deux partis : ou la réunir à une colonie faible, mais ayant une mère, en superposant ruche sur ruche, par les procédés connus ; ou (si l'on n'a pas de ruche faible ou d'essaim) emporter la ruche orpheline à quelques pas du rucher, et, au milieu d'une belle journée, en détruire les rayons et en chasser les abeilles, qui retournent d'abord à leur ancienne habitation, et, ne la retrouvant pas, entrent en suppliantes dans les ruches voisines, où elles ne sont pas trop mal reçues, car les jours suivants on voit l'accord régner partout et nulle trace de combats.

Le mois d'août est celui aussi où les ruches sont le plus exposées aux atteintes de la fausse teigne. A quel signe reconnaît-on l'invasion de ce terrible fléau dans une ruche ? Qu'y a-t-il à faire ?... Autant de questions déjà résolues à l'article : *Ennemis des abeilles, fausse teigne*, etc.

SEPTEMBRE

L'été s'en va et l'hiver approche ; car, pour les mouches à miel, il n'y a pas d'automne. Les moissons sont rentrées dans les greniers, les regains abattus ; les fleurs, devenues rares, ne fournissent presque plus rien à vos ouvrières découragées. A peine glanent-elles quelque peu de miellée sur les fruits mûrs. Cependant, si elles sont dans le voisinage des bruyères ou que les dernières fleurs soient favorisées de quelques douces rosées, leur industrieuse activité y trouvera encore une demi-moisson.

Ce sont là les derniers produits de l'année apicole. Bientôt les gelées blanches arrivent, les plantes se dessèchent, les feuilles jaunissent. Il faut se préparer à l'hiver avant que la température se soit refroidie.

Pendant le cours du mois de septembre, vous devez donc faire une nouvelle revue de votre rucher, pour savoir quelles familles sont en état de passer l'hiver et quelles familles doivent être réunies à d'autres colonies.

Pour cela il vous faudra, comme nous l'avons déjà recommandé, peser toutes vos ruches, au moins avec la main en les soulevant. Le plus sûr serait de les faire passer sur la balance.

Règle générale. — Vous ne devez conserver, pour traverser la mauvaise saison, que les colonies fortes en population et qui ont à peu près la quantité de provisions suffisante pour arriver au printemps sans courir le danger de mourir de faim. Nous avons déjà dit quelle quantité de miel est nécessaire à une colonie pour passer la saison du repos [1], 7 à 8 kilogr. Mais, de grâce, ne marchandez pas avec vos abeilles, et donnez-leur plutôt trop que pas assez. Soyez tranquille, elles n'abuseront pas de leur superflu, comme cela arrive trop souvent chez nous autres, pauvres humains.

On peut établir qu'à dater de la cessation des travaux, chaque ruche diminue de près de 1 kilogr. par mois, et

---

[1] Observons pourtant que cette quantité de nourriture varie selon les climats. Il en faut moins dans les pays méridionaux, où l'hiver est court et où les fleurs durent plus longtemps et renaissent plus tôt. — Nous avons pris pour point de départ la température moyenne de la Franche-Comté.

de 2 kilogr. en mars, 2 en avril et même en mai, quand la saison n'est pas favorable et qu'il survient des pluies froides ou des vents impétueux, parce qu'alors il faut une quantité incroyable de provisions pour nourrir le couvain à l'état de ver.

N'oublions pas ici une observation, à savoir qu'une ruche populeuse ne dépense guère plus qu'une faible *(pas plus*, dit M. de Mirbeck, qui a fait beaucoup d'expériences, ainsi que plusieurs autres apiculteurs), deux colonies ensemble qu'une seule. En voici la raison physique : moins il y a de monde dans un appartement, plus il y fait froid. Or, pour se réchauffer, il faut manger. Nous ne serions pas morts de froid, disait un vieux guerrier revenant de la campagne de Russie, si nous avions eu à manger ; nous nous serions assez réchauffés. Donc les abeilles qui ont froid ont besoin de manger davantage et consomment en proportion [1]. Si une colonie dépense plus de nourriture par une température tiède, cela tient à l'éducation du couvain, qui en absorbe prodigieusement.

Ces observations faites, retournons maintenant à votre abeiller et voyons vos ruchées. En voici une dont la population est forte et les provisions suffisantes. Nous la laissons telle qu'elle est, sans y rien toucher.

En voici une autre dont la population est faible, les rayons vieux, et qui n'a que 3 ou 4 kilogr. de miel. Le seul bon parti à en tirer sera de la réunir à une autre

---

[1] M. l'abbé Bailly est d'un avis contraire ; j'engage les naturalistes à faire de nouvelles expériences pour résoudre la question.

colonie de la manière que nous indiquerons au mois suivant.

Cette troisième ruche est un essaim de l'année; la population est nombreuse, les rayons blancs, puisque c'est un essaim de l'année; les provisions de miel s'élèvent à 4 ou 5 kilogr. seulement. Que faut-il en faire? Celle-ci, vous devez la nourrir, parce qu'elle est dans de bonnes conditions de prospérité, et que l'année prochaine elle vous dédommagera abondamment des légères dépenses que vous aura occasionnées son supplément de viatique d'hiver.

Quand et comment faut-il donner le supplément de nourriture pour l'hiver? — R. Tôt et vite. Si vous voulez, dès que les abeilles cessent leurs travaux, dans le courant du mois de septembre, autant que possible.— L'abeille est un insecte délicat et frileux; il lui faut douze à quinze degrés de chaleur pour avoir un peu d'activité et de force. Administré trop tard, les abeilles, qui font encore du couvain lorsqu'on les nourrit, courraient le risque de le voir atteint et périr au berceau : ce qui pourrait procurer la loque aux ruches.

Il faut donner vite la nourriture, autant que possible en une seule fois, 1, ou 2, ou 3 kilogr. à la fois. Les abeilles, qui n'abuseront de rien, rempliront leurs magasins et n'en continueront pas moins à être sobres et économes.

La meilleure nourriture à donner aux abeilles, c'est le miel. « Il m'a paru, disait l'excellent apiculteur franc-
» comtois de 1763, que le miel leur était un aliment
» aussi nécessaire que l'eau l'est au poisson, et que toute

» autre nourriture leur était pernicieuse ou peu utile. »
Du reste, rien n'empêche de prendre du miel de qualité
inférieure.

On peut très bien aussi nourrir les abeilles avec du
sirop, qui est moins cher que le miel et qui produit les
mêmes résultats.

Voici les proportions déjà données. Vous versez dans
une chaudière ou marmite : 4 litres d'eau avec 7 kilogr.
de sucre divisé en petits morceaux.

Vous placez la chaudière sur un feu modéré ; — vous
remuez, et vous brisez avec une spatule les morceaux
les plus résistants.

Aussitôt que le sucre est complètement dissous, —
c'est l'affaire de 30 à 40 minutes — vous retirez la chaudière, et, après refroidissement, vous mettez le sirop en
bouteilles, où il se conserve bien pendant plusieurs
mois.

La manière de leur donner la nourriture est au choix
de l'apiculteur et peut varier à l'infini (voir *mars*). Il faut
toujours préférer la servir par le haut de la ruche, parce
que les abeilles sont moins dérangées. Sans vouloir nous
répéter, nous recommandons comme très faciles les
moyens suivants : — mettre une calotte pleine sur la
ruche qu'on veut nourrir ; — poser un pot renversé,
plein de miel coagulé, sur l'ouverture supérieure de la
ruche ; c'est la meilleure des méthodes (fig. 21) ; — placer
un rayon de miel par-dessus l'ouverture du haut et le
recouvrir d'une calotte ; — mettre le miel dans un vase
percé au milieu et le recouvrir d'une calotte ; — si on
donne la nourriture sous la ruche, la présenter dans un

vase en terre cuite non vernissée, à rebords droits, ou simplement une assiette qu'on introduit dans la ruche, en recouvrant le miel de quelques brins de paille ou de cire brute émiettée, pour que les abeilles ne s'engluent pas, etc.

Surtout, nous le répétons, nourrir tôt et vite [1], et seulement les colonies fortes en monde et auxquelles il manque peu de nourriture.

Mais ne peut-on pas nourrir toutes les populations, même faibles et peu pourvues, et les faire arriver jusqu'au printemps saines et sauves?

Oui, vous en êtes le maître, mais prenez garde. Vous allez perdre votre temps, votre peine et votre argent. Eh quoi! auriez vous donc déjà oublié ce précepte, capital en apiculture, à savoir qu'il n'y a que les ruches bien peuplées et à édifices pas trop vieux qui assurent et donnent des bénéfices?

Rappelez-vous-le bien, si les ruches faibles font nombre et garnissent un abeiller, c'est sans profit pour le propriétaire [2]. Elles languissent plutôt qu'elles ne vivent. Elles apportent peu de butin et ne donnent pas d'es-

---

[1] Quelques praticiens n'alimentent leurs colonies qu'à la fin d'octobre ou au commencement de novembre, parce qu'alors le refroidissement de la température empêchera la reine de pondre.

On peut réunir d'abord les colonies faibles, par le moyen de la fumée et en emmiellant au préalable les rayons supérieurs.... puis ensuite on donne le supplément de nourriture.

[2] Pour cette raison, je ne nourris presque pas de colonies; je réunis celles qui n'ont pas leur contingent de provisions. J'y trouve une double économie de temps et de miel, et au demeurant un bénéfice.

saims, et tandis que les colonies riches en monde sont vigoureuses et en état de résister à l'intempérie des saisons, les ruches faibles fournissent à peine une chaleur suffisante pour faire éclore dans un coin de leur demeure un maigre couvain qui souvent ne réussit pas, faute de nourriture ou de chaleur. Donc, ce qu'il y a de mieux à faire de ces ruches faibles, c'est de les secouer à terre, si elles sont par trop faibles, ou de les réunir à d'autres [1].

OCTOBRE

On peut réunir toute l'année plusieurs colonies en une seule, surtout si elles sont voisines ; mais le moment le plus favorable est la dernière quinzaine d'octobre. Les abeilles sont à la veille de prendre leurs quartiers d'hiver et peu d'humeur à guerroyer. On aura donc moins à redouter les discordes civiles.... D'un autre côté, sortant peu à cette saison, elles ne risqueront pas de s'égarer en cherchant leur nouvelle habitation.

Voici peut-être la question apicole la plus intéressante et la plus riche en beaux résultats : la réunion ou mariage des colonies.

Ne vous effrayez pas pourtant, vous serez rarement obligé de faire ces réunions, si vous avez eu soin d'empêcher les essaims secondaires et de réunir les essaims

[1] Les dernières fleurs passées, il est prudent d'enlever toutes les calottes, remplies ou non, et de boucher l'ouverture supérieure de la ruche pour ne pas laisser de courants d'air aux abeilles pendant l'hiver.

tardifs, ou encore de prévenir l'essaimage en agrandissant l'habitation des colonies par la superposition des ruches, comme nous l'avons recommandé.

Réunir deux ou trois ruches, c'est de deux ou trois familles n'en former qu'une seule. Le nombre des habitants sera le même, moins celui des reines, car le gouvernement des abeilles est essentiellement monarchique. La plus faible sera sacrifiée ; l'autre survivra et sera à la tête de la confédération réunie sous un seul sceptre. Voilà tout.

Mais pour opérer la fusion ou réunion des deux peuples en une seule cité, il y a des précautions à prendre pour prévenir les luttes et le massacre entre les deux colonies.

Ici il est essentiel de se rappeler les principes émis à l'article *sur le problème des réunions* (page 107), la nécessité de mettre les abeilles de deux colonies sous une impression identique de danger, de malaise ou de ralliement.

Nous allons donc procéder à la réunion de quelques peuplades. Nous aurons soin de prendre, autant que possible, des ruches voisines, pour que les abeilles ne s'égarent pas lorsqu'elles reviendront au logis, et nous attendrons pour faire nos réunions une heure ou deux avant le coucher du soleil, afin que la nuit, survenant peu après la réunion, confonde mieux les habitants des différentes colonies et complète l'œuvre commencée par la fumée.

Réunion des ruches à calotte. — Voici deux ruches à calotte qu'il s'agit de réunir en une seule famille. Nos ruches ont le même diamètre en largeur. — Rien de plus facile que la réunion.

Avec l'enfumoir (d'abord légèrement, puis, un petit intervalle après, un peu plus fort), nous projetons quelques bouffées de fumée par la porte de chaque ruche. Quand l'état de ralliement ou bruissement est bien établi, nous débouchons le trou de la ruche la plus faible, ou qui a la plus vieille cire, et nous la coiffons de la ruche à conserver. Nous avons bien soin de mettre une *greffe* ou rayon de cire entre les deux rayons pour établir entre elles des communications faciles. Ce trait d'union, qu'on ne l'oublie pas, est ici une affaire essentielle, car une solution de continuité entre les rayons du bas et ceux du haut, deux centimètres seulement, suffirait pour empêcher le mélange des populations.

La ruche forte étant superposée sur la faible, nous lançons de nouveau, par intervalles, quelques bonnes bouffées de fumée par la porte de chaque ruche, de manière à maintenir encore pendant un quart d'heure l'état de bruissement dans les deux ruches. Si tout se passe de la sorte, l'alliance sera opérée sans lutte aucune. On calfeutre le lendemain les ruches superposées et l'on peut laisser ouvertes quelques jours les deux portes ; l'union est faite.

Cette méthode est la plus simple, la plus expéditive et la plus sûre pour réunir deux familles qui n'ont pas assez de miel pour vivre séparées, mais en ont suffisamment pour vivre en commun.

Agissez de la même manière pour les ruches à hausses. Posez la ruche à conserver sur la faible, en établissant le

bruissement avant et après, soit par un tapotement prolongé, soit, mieux, en faisant jouer l'enfumoir, et n'oubliez pas le rayon de cire, trait d'union nécessaire entre
les peuplades confédérées.

Maintenant que vous êtes sur la voie, vous pouvez
varier vos manières d'opérer. Avec un peu de pratique et
d'intelligence, vous réussirez toujours.

Réunion de ruches communes. — Mais voici deux ruches qui n'ont point d'ouvertures dans le haut. Comment
les réunir? Si vos deux ruches ont le même diamètre,
renversez sens dessus dessous la plus faible, coiffez-la de
la plus forte ; bouchez ensuite une des portes, l'alliance
est faite. Si les deux ruches n'avaient pas la même circonférence, vous mettriez entre elles une planche percée
d'un large trou.

Dans tous les cas, vous ne devez jamais oublier de faire
jouer l'enfumoir avant et après l'opération, pour disposer
vos insectes à ne se préoccuper exclusivement que de
leurs souffrances individuelles et prévenir les combats.
— Le rayon de communication entre les gâteaux des
deux ruches est aussi une affaire essentielle, nous le répétons, car il ne faut pas de vide entre les rayons des
deux ruches.

Comme excès de précaution, on pourrait aussi faire une
bonne aspersion d'eau miellée sur les deux ruches renversées, afin de les calmer ; au lieu de chercher à se tuer,
les abeilles s'occupent à sucer le miel et à se brosser, et
oublient le reste. Avec l'aspersion d'eau miellée, la fumée
n'est même point nécessaire. Cette dernière opération ne
doit pas être négligée, car elle assure le succès des réunions.

Il est utile d'avoir pour les réunions un bon fumigateur, muni d'un bon soufflet qui ait la force de pousser de la fumée jusqu'au fond des ruches, afin que toutes les abeilles en ressentent bien l'effet. Cela peut décider du résultat.

Ici le chiffon enfumé au bout d'un bâton ne suffit pas ; l'enfumoir est nécessaire. Mais il faut s'en servir avec mesure. Vous commencez par une légère bouffée, et ensuite vous augmentez par degrés. Si vous introduisiez brusquement une fumée trop épaisse, les abeilles se cacheraient dans les alvéoles au lieu d'en sortir, et l'opération pourrait être compromise. — Une fois que vos mouches sont dans l'état de bruissement, quelques bouffées lancées d'un moment à l'autre suffisent pour l'entretenir.

Nous avons déjà dit ce qui arrive quelques heures après la réunion : une des mères est tuée, voilà tout. Il n'y a toujours qu'une famille, mais une fois plus nombreuse. — Vous laissez les ruches superposées jusqu'au printemps. Vous en faites de même de la ruche renversée sens dessus dessous, qui sera laissée dans la même position jusqu'après l'hiver. — Le printemps venu, vous enlevez la ruche vide. Il est bon de mettre dessus la ruche dont on veut conserver la mère.

Réunion par asphyxie momentanée. — Avec la méthode que nous venons d'indiquer, rien de plus facile que les réunions. On peut en opérer une dizaine en moins d'une heure. Pourtant quelques apiculteurs préfèrent encore employer l'asphyxie momentanée.

M. l'abbé Floquet, de Châteaufort, se sert du chloroforme. Voici comment il procède : il arrose l'intérieur de la ruche de 5 grammes de chloroforme, la ferme ensuite hermétiquement. Après 5 ou 6 minutes, l'asphyxie est complète. C'est le silence de la mort. — Il se hâte de recueillir les abeilles dans un vase, et vite encore de les introduire dans leur nouvelle famille en prenant les précautions d'usage.

D'autres, pour l'asphyxie momentanée, emploient la vesse-de-loup (*lycoperdon*). Quatre ou cinq têtes qu'on passe sur la flamme de quelques allumettes réunies suffisent pour asphyxier une colonie. Au bout de deux ou trois minutes, toutes les abeilles sont tombées dans le linge mis sous la ruche. On les jette dans celle des ruches où elles doivent demeurer, et le tour est joué. Il faut avoir soin de boucher à peu près l'entrée, de manière que les abeilles ne puissent s'échapper lorsqu'elles reviennent à la vie. Le lendemain matin, on leur rend la liberté et on les trouve aussi vives que la veille et aussi unies que si elles eussent toujours vécu ensemble.

Voilà des moyens bien ingénieux pour la réunion des colonies; pourtant je leur préfère encore, pour mon compte, l'emploi de la fumée, comme moins coûteux, aussi expéditif et surtout moins dangereux pour la vie des abeilles.

Saison d'Hiver

NOVEMBRE

La Toussaint a sonné; voici venu l'hiver des abeilles. Disposez donc vos ruches pour passer sans encombre la saison des frimas. Calfeutrez soigneusement tout le pourtour des ruches ; fermez hermétiquement l'ouverture supérieure, crainte des courants d'air, meurtriers à cette saison ; ne fermez pas la porte, mais rétrécissez-la un peu pour que les souris ne puissent y passer, et que les abeilles, pourtant, aient la possibilité d'entraîner leurs morts au dehors et conservent toute liberté d'entrer et de sortir. Ne l'oubliez pas, il faut de l'air aux abeilles en hiver comme en été. Il serait bon d'agencer la porte de manière que vous puissiez la fermer et l'ouvrir à volonté.

Lorsque l'air devient chaud et doux, les abeilles privées de liberté ne peuvent en profiter, les maladies se déclarent, les morts s'entassent, et la colonie est bientôt décimée. Un peu d'attention fera éviter ces accidents.

On a conseillé de rentrer les ruches dans des celliers, des endroits solitaires, mais secs et sains et à température égale. Ce moyen peut être bon pour les colonies faibles, car les abeilles dépenseront moins. Pour les fortes peuplades, elles se trouvent mieux au rucher que partout ailleurs.

Quant à enterrer les ruches, c'est-à-dire les descendre dans des fosses recouvertes de planches, de mousse, etc., comme on l'a prôné dans ces derniers temps, permettez-moi de le dire, c'est de la folie ; prenez garde, vos abeilles pourraient bien ne pas se relever de leur tombeau.

·Les abeilles qui ont au-dessus de leur tête une bonne provision de miel, dont les rayons ne sont pas trop vieux, et qui se trouvent à proximité de l'air extérieur, sont dans de bonnes conditions pour supporter les hivers même les plus longs et les plus rigoureux.

Le gros de la colonie, pendant les frimas, se tient non contre les rayons remplis de miel, où elle périrait de froid, mais au centre de la ruche, entre les gâteaux vides, où, du reste, la population se resserre étonnamment.

Il ne faut pas oublier que les abeilles ne sont jamais entièrement engourdies pendant l'hiver. Mille circonstances influent sur leur plus ou moins grande consommation, comme l'agitation qu'elles éprouvent, la variation fréquente de la température, un soleil clair et chaud, etc. Aussi les ruches qui sont le mieux abritées contre ces diverses influences dépensent-elles moins que celles qui y sont exposées. Cette différence est quelquefois de moitié. Il est donc important de parer à ces inconvénients en plaçant les ruches là où les abeilles n'éprouveront ni secousses ni agitation, en évitant de leur laisser des ouvertures du côté du soleil. — Le soleil en hiver est une position trop chaude et funeste aux abeilles. — Trompées par les rayons du soleil et la chaleur qu'elles ressentent autour du rucher, elles veulent sortir. Bientôt la température plus froide du dehors les saisit, et elles périssent. Si votre rucher est exposé aux rayons du soleil en hiver, vous devez donc l'en préserver en fixant en avant des ruches, soit des lambris, soit des paillassons ou autres abris en roseaux, lesquels pourtant ne doivent jamais boucher la porte des ruches et empêcher la libre entrée et sortie des abeilles. Une bonne précaution à prendre, c'est de poser une tuile debout devant l'entrée, à quelques centimètres, et inclinée contre la paroi de la ruche, pour empêcher les sorties intempestives par les journées claires, mais froides. Cette précaution est bonne aussi dans d'autres circonstances, par exemple lorsqu'il s'agit de dérouter les abeilles d'une colonie....

DÉCEMBRE

Pendant l'hiver les abeilles demandent peu de soins. Cependant il ne faut pas les oublier tout à fait. Vous tendrez des pièges aux rats, et vous enlèverez, s'il y a lieu, avec un balai très doux, la neige qui aurait pu s'amonceler sur vos ruches.

Comme les abeilles, à moins de maladie, ne salissent jamais leur ruche, il est bon de leur donner toute liberté de sortir, deux ou trois fois par hiver, lorsque le vent est doux et que le soleil *donne*. Elles en profiteront avec empressement pour se débarrasser d'un fardeau dangereux, et, si elles consomment un peu plus, au moins elles rentrent saines et vigoureuses.

Voyez aussi si les vapeurs intérieures de la ruche n'occasionnent pas quelque accident. — Par les grands froids, les vapeurs se condensent en glaçons contre les parois de la ruche. Une température plus douce les fait fondre, et les rayons peuvent moisir. — Dans ce cas, profitez d'un temps sec pour donner de l'air à vos ruches, en les élevant au moyen de petites cales, ou au moins en élargissant l'entrée.

Ici se présente la question de savoir si on peut nourrir les abeilles en hiver, lorsqu'on a négligé de le faire dans la bonne saison.... Oui, on le peut en posant un pot de miel renversé (et fermé au moyen d'un linge lié autour avec une ficelle) sur l'ouverture supérieure de la ruche (fig. 21). Les abeilles iront y sucer sans presque se déranger. On peut aussi donner la nourriture par les moyens connus, en apportant la ruche dans un appartement chaud. Mais, rappelez-le-vous, on réussit rarement. Les abeilles agitées consomment beaucoup plus et sans profit. La température ne leur permettant pas de sortir de leur demeure, malgré le besoin qu'elles en éprouvent, la dysenterie aura bien plus de prise sur elles. N'attendez donc pas à l'hiver de donner de la nourriture à vos abeilles.

De novembre à février, on peut changer les ruches de place sans grand inconvénient. On doit donc profiter de cette époque pour faire les arrangements les plus convenables, par exemple mettre les ruches de même dimension près les unes des autres, — les faibles d'un côté, les fortes de l'autre, etc. On profite de cette réorganisation pour visiter les colonies, enlever les rayons moisis, les corps morts et les débris de cire qui encombrent le tablier, etc., etc., et faire à son rucher les réparations dont il peut avoir besoin.

ARTICLE COMPLÉMENTAIRE

MANIPULATION DU MIEL, DE LA CIRE, ETC.

Pour l'extraction du miel, je vois quelquefois employer à grands efforts de bras un linge serré entre deux bâtons, ou faire jouer le pressoir ; puis, on presse tout ce que contiennent les rayons, miel, rouget, vieux rayons.... c'est une affaire d'Etat et un épouvantable gâchis. — Laissez tout cela de côté. Rien de plus facile et de plus simple que l'extraction du miel.

D'abord choisissez bien votre temps. Pour faire couler le miel, il faut de la chaleur, soit celle du soleil, soit celle du four ou du foyer. Manipulez votre miel autant que possible aussitôt après son extraction de la ruche : comme il est chaud, il se séparera mieux du marc.

Vous mettez d'abord de côté le miel en rayons que vous voulez conserver pour la table ; vous le couvrez et le portez dans un lieu sec et frais, où il se conservera très bien si vous le préservez du contact de l'air [1].

Manipulation et conservation du miel. — Voici comment vous procédez pour l'extraction du premier miel ou miel vierge. Sur une petite *seille* vernissée ou une grande terrine [2], vous placez une claie faite d'osiers

---

[1] Le miel est très bon en rayons et se conserve longtemps ; on ne doit pas craindre de manger le miel avec la cire, parce que celle-ci corrige les qualités laxatives du miel.

[2] Voici comment j'ai fait faire mon *mellificateur* en terre vernissée : ce sont deux *petites seilles*, assez larges, mais peu élevées, qui s'adaptent l'une sur l'autre : celle de dessous est destinée à recevoir le

TROISIÈME PARTIE

MÉLANGES APICOLES

CHAPITRE PREMIER

MOBILISME, OU RUCHES A RAYONS ET CADRES MOBILES

La ruche à rayons mobiles est celle où l'on place de petites barres de bois, épaisses d'un centimètre, sous le plafond de la ruche, pour porter les gâteaux de miel et les rayons.

Si l'on remplace les barres appelées porte-rayons par des cadres, on a la ruche à cadres mobiles.

Quelques mobilistes, comme Dierzon, ne veulent pas de cadres, mais simplement les porte-rayons, ce qui donne à cette sorte de ruche un grand avantage sur la ruche à cadres.

Ces systèmes de ruches, on le voit, consistent à amener les abeilles à construire chacun de leurs rayons dans une barre ou cadre vertical pouvant s'enlever ou se remplacer à volonté. Au premier abord, ce genre de culture s'offre sous un aspect séduisant : enlever un cadre, rien qu'un ; en replacer un autre vide ; donner un rayon d'une forte colonie à une autre qui manque de provisions ; enlever à volonté de beaux gâteaux parfaitement vierges et d'une blancheur de neige ; faire des essaims artificiels en partageant les gâteaux de miel et en donnant d'une ruche à l'autre pour équilibrer les populations et les provisions de bouche ; empêcher la sortie des essaims en agrandissant la ruche graduellement selon la population ; se rendre compte de ce qui se passe dans l'intérieur de la ruchée et pourvoir à tous les besoins de ses habitants... Tous ces avantages réels ou fictifs, et beaux à signaler dans un traité d'apiculture, exaltent l'imagination des novices, qui arrivent vite à traiter de vieillerie le fixisme, ou ruches à rayons fixes.

Mais si ces ruches à rayons mobiles sont trop compliquées, trop coûteuses, trop lourdes et difficiles à manier — encore c'est là leur moindre défaut ; — si, en visitant et enlevant un cadre ici, un autre là, vous découvrez le couvain, alors vous donnez prise à la loque, qui est la maladie propre de la ruche à cadres mobiles. Puis, être sans cesse occupé à ajuster des cadres, à rectifier les constructions des abeilles, qui s'obstinent, les ingrates, à aller à l'inverse de votre direction et de vos indications ; avoir sans cesse le camail protecteur sur la tête et l'enfumoir à la main, et cela sans profit réel et souvent au détriment du travail des abeilles ; puis enfin, provoquer leur colère, leur fureur, surtout à de certaines saisons de l'année, et devenir la victime de leurs piqûres ; est-ce là vraiment faire de bonne et douce apiculture ?

Les Allemands, grands prôneurs de la ruche à cadres, reconnaissent pourtant la supériorité de la ruche ronde sur la ruche carrée, et de la ruche en paille sur la ruche en bois ; ils sont à la recherche d'une ruche en paille de forme rectangle, la seule qui puisse recevoir des porte-rayons de dimension uniforme.

La conduite de la ruche à cadres, au témoignage de ses adeptes, demande une parfaite connaissance de l'abeille, que le temps et l'expérience seuls peuvent donner ; une intelligence supérieure et une grande aptitude de main, jointes à une patience à toute épreuve. — L'intelligence ne manque pas aux apiculteurs ; mais, a dit quelqu'un, ont-ils la patience du bœuf et la patte du chat ?

Berlepsch, l'homme aux cadres dans l'Allemagne, n'a-t-il pas la naïveté d'avouer quelque part que, sur cinquante apiculteurs, il s'en trouve à peine un réunissant les conditions nécessaires pour conduire une ruche à cadres !

Ce que nous allons en dire est donc tout à fait pour les initiés et ceux qui veulent arriver au sommet de l'art apicole.

Parmi les ruches à rayons mobiles, nous en citerons trois : la ruche Dadant, si prônée dans la Revue romande par M. Bertrand, la ruche Layens, et la ruche du F. Albéric.

1° *La ruche Dadant,* dont le corps de ruche est formé de 4 parois, clouées ensemble et donnant un vide intérieur de 49 centimètres de longueur, 42 de largeur et 32 de hauteur. Pour restreindre à volonté la capacité de la ruche, Dadant emploie deux partitions mobiles, suspendues comme les cadres, et qui flanquent ceux-ci à droite et à gauche, quand la ruche n'est pas pleine. Si la place manque, on enlève une partition pour la reporter de l'autre côté ou la supprimer tout à fait.

Pour la visite et les opérations, une brosse suffit, avec le couteau de poche et l'indispensable enfumoir.

2° *La ruche Layens* est formée de 4 parois clouées ensemble et donnant un vide intérieur de 43 centimètres en hauteur, 34 en largeur et 76 en longueur. Elle jauge 72 litres. Le corps de ruche est revêtu, des 4 côtés, d'un doublage de balles d'avoine ou de scories de laine, maintenu par un revêtement de lambris ou de carton peint. — Il a deux partitions, construites d'après le même principe que celles de la ruche Dadant. Quant à l'entrée ou trou de vol, il a 15 millimètres de hauteur, et, vu le développement de la ruche, de 15 à 25 centimètres de longueur. Pour plus amples détails, se procurer *les meilleures Ruches,* par E. Bertrand, à Nyon (Suisse).

3° *La ruche à porte-rayons mobiles* du F. Albéric. Cette ruche, dont je fais usage pour l'acquit de ma conscience d'apiculteur, est peut-être une des plus simples et des plus parfaites du système mobiliste. Elle est de l'invention du bon F. Albéric, qui est sorti des concours apicoles tant de fois médaillé (bronze, argent, or) et, qui plus est, couronné.

Le corps de la ruche est une simple boîte sans fond, construite en bois blanc, comme étant moins bon conducteur du froid et du chaud, et moins cher que le bois dur. — C'est une vraie ruche commune, de forme carrée, mesurant intérieurement 33 centimètres de toutes parts. — Une ouverture de 24 centimètres de longueur, sur 8 de largeur, est pratiquée derrière la ruche pour les visites d'observation ; cette ouverture est vitrée intérieurement et fermée en dehors par un volet.

Les porte-rayons sont les pièces qui constituent ce système de ruche ; chaque porte-rayons est composé d'un support en bois blanc et ne se tourmentant pas (sapin ou peuplier) ; l'indicateur, en chêne.

Huit porte-rayons serrés les uns contre les autres, sur les bords supérieurs de la ruche, laissent de chaque côté deux ouvertures de 5 millimètres ; ces ouvertures sont fermées par 2 planchettes supplémentaires, qui débordent extérieurement d'environ 12 à 15 millimètres et font saillie des deux côtés de la ruche.

Voici en deux mots tout le système de la ruche Albéric : c'est une simple boîte carrée qui a 33 centimètres de toute face : la boîte dans le dessus est fermée par les rayons, qui forment une régularité parfaite.

Pour empêcher les rayons de s'éloigner les uns des autres, on adapte deux bouts de latte pour tenir les porte-rayons serrés au moyen d'une corde. Cette ruche, on le comprend, peut très bien recevoir un chapiteau, qu'on place ou qu'on enlève à volonté. Ce chapiteau, en bois ou en paille, au moyen d'une petite corde passée au dessus et attachée à deux agrafes, maintient en respect les rayons.

Il est un dernier système de ruches à rayons mobiles, qu'emploie avec un grand succès M. Fiereck, pharmacien à Pont-de-Roide, et que nous signalons dans la note que nous consacrons à ce modeste et excellent apiphile, que nous avons vu à l'œuvre, car nous sommes revenu de visiter son apier, qui réunit l'*utile dulci*, saisi d'admiration.

Nous pourrions compléter ces renseignements, préciser davantage, mais c'est assez; il suffit de mettre sur la voie; le mobiliste doit être passé maître en Israël; tout nouveau détail serait superflu pour lui. — Je le sais; à mesure que la science apicole prend de nouveaux développements et que l'apiculture est devenue un art, le mobilisme est à l'ordre du jour, il fait fureur, et tout débutant veut avoir la ruche à rayons mobiles, et, qui plus est, de son invention. C'est là une tentation bien dangereuse et contre laquelle nous ne saurions trop prémunir les novices. Ah ! qu'ils se tiennent bien en garde contre la manie des inventions en fait de ruches, sous peine de subir de nombreux mécomptes. La prudence veut qu'ils aillent doucement; que, pour la grande apiculture, ils préfèrent le fixisme : libre à eux d'avoir quelques ruches à rayons mobiles ; ajoutons même que s'ils sont doués d'une forte dose de patience, de temps, et d'une grande dextérité de main, et s'ils font de l'apiculture leur occupation habituelle, leur vie, en un mot, alors, qu'ils adoptent l'une ou l'autre des ruches à rayons mobiles, puis qu'ils fassent provision de rayons gaufrés, qu'on se procure si facilement aujourd'hui et qui sont un moyen et comme une garantie de succès pour le mobilisme [1]. Dans ces conditions, ces apiphiles émérites seront du petit nombre des âmes choisies pour s'enrichir avec la ruche à rayons mobiles.

---

[1] Observons que la ruche à rayons mobiles rend presque nécessaires les feuilles de cire gaufrée, tendues dans les cadres, et que les abeilles transforment en vrais rayons.

Les fabricants de rayons artificiels ont soin d'accompagner leur livraison d'une notice indiquant la manière de les fixer.

Nous ajoutons ce qui suit, pour être juste et même bienveillant envers le mobilisme :

M. l'abbé Galou, de Moulédous, dans les Hautes-Pyrénées, que la lecture du *Livre des Abeilles* a rendu apiculteur et qui s'est épris d'un beau zèle pour la science apicole, a employé quelques semaines de ses vacances à faire des voyages apiphiles en Allemagne et en Italie, et s'est livré à de nombreuses expériences. Cet apiculteur si modeste et si parfait observateur est devenu grand partisan de la ruche à rayons mobiles. Il a d'abord essayé de la ruche recommandée par le *Bulletin d'apiculture de la Gironde*, puis, lancé dans le mobilisme, il s'est mis à la recherche de ce qu'il y a de plus pratique en ce genre. Après la visite au Trocadéro et un voyage en Italie, après des annotations sur l'*Apicoltore* de Milan, il a été heureux, m'écrit-il, de trouver enfin le meilleur journal pratique écrit en langue française, le *Bulletin d'apiculture de la Suisse romande*.

Les systèmes italiens, m'écrit cet infatigable observateur, visent tous à la spécialité de la multiplication des essaims et des reines pour le commerce ; les dimensions sont trop petites pour la production normale du miel. — Les ruches allemandes, s'ouvrant par derrière, offrent de graves inconvénients pour l'observation et la manipulation. Les ruches à fort volume, de 50, 80, 100 litres, s'ouvrant par le haut, avec couvercle mobile et demi-cadres ou boîtes de superposition, réalisent seules le maximum de récolte possible. — Ce n'est plus 10 modestes kilos de récolte, mais 20, 40, 50 et plus, qu'on obtient par la ruche Dadant, Layens, etc. — De mes diverses lectures et expériences, il résulte pour moi que l'apiculture n'est très sérieusement en progrès que depuis l'usage du cadre à rayons mobiles, de l'extracteur à miel, des feuilles gaufrées ou de fondation, c'est-à-dire de rayons artificiels commencés. — La lutte a été longue et acariâtre ; le miel n'a pas toujours coulé, mais le fiel plutôt, dans d'ardentes polémiques. La victoire reste enfin au cadre mobile et au rayon artificiel. — Grâce à ces inventions ingénieuses, fruit de bien des tâtonnements méritoires, le travail des abeilles est concentré vers la production du miel en quantités inconnues du fixisme, même perfectionné par l'usage des calottes et des hausses, qui constituent les premiers pas du progrès apicole, etc. Conclusion : propageons le plus possible le mobilisme, surtout en France, qui est en retard même sur l'Angleterre et l'Allemagne, à climat moins favorable que chez nous.

Mais, avec le mobilisme, l'utilité et même la nécessité des associations ou sociétés apicoles s'imposent en France comme à l'étranger, où l'Etat est si généreux pour les sociétés apicoles.

En effet, c'est dans ces réunions que les apiculteurs s'éclairent et se fortifient mutuellement pour tant d'objets divers dont la connaissance est indispensable. Sous ce rapport, la Suisse, l'Italie, l'Allemagne, l'Angleterre, les Etats-Unis, marchent en tête. L'Alsace, depuis douze ans, a fait d'énormes progrès. — Que dire de ces 2,500 fr. accordés par l'Etat (allemand) à notre ancienne province pour l'apiculture seule? Qu'en pense la mère patrie ?

Notre observateur continue : Convertissez-vous donc, cher maître, au mobilisme, en compagnie de l'abbé Bailly et de tant d'apiculteurs qui ont déjà bien mérité pour les progrès apicoles fixistes, parvenus à leur apogée. Un monde nouveau s'ouvre à notre activité avec de magnifiques espérances, qu'on ne peut plus taxer de chimériques. Maintenons les progrès précieux du fixisme, mais couronnons notre œuvre par la propagation du mobilisme. Les ruches *fixes* seront désormais l'apanage des paresseux, selon votre bon mot ; mais la paresse de l'apiculteur jure avec l'activité de l'abeille. La logique, à tous les points de vue, donne gain de cause au mobilisme.... *That is the question*, disent les Anglais.

Vous le voyez, bienveillant lecteur, pour instruire le procès, nous donnons sans réticence le pour et le contre. C'est à l'apiculteur à faire des expériences et à fixer son choix.... Le nôtre est fait et parfait.

CHAPITRE II

DÉSASTRES DE L'HIVER 1871. — TOUT RENAIT. — LA CANTINE DES ABEILLES. — COMMUNICATIONS DIVERSES.

I.

Il y a déjà longtemps (15 ans, *longioris ævi spatium*), l'idée de cette digression m'est venue à la suite de notre désastreux hiver de 1871, désastreux surtout pour nous, habitants de l'Est, — plus désastreux encore pour nos pauvres abeilles. — C'est sans doute en punition de nos égarements, de notre mollesse, de notre oubli de la loi de Dieu, que nous avons été livrés au pillage, à la mort, aux insultes de nos féroces ennemis [1]. Pour cette cause, un hiver de plomb a pesé sur nous ; les éléments se sont ligués avec l'implacable Teuton. — Mais les pauvres abeilles, elles, qui n'ont jamais forfait au travail, à l'autorité, à la discipline, ont été encore plus éprouvées que nous.... Pourtant, *comme à quelque chose malheur*

---

[1] « Quoniam non obedivimus præceptis tuis (Domine), ideo traditi sumus in direptionem, et in captivitatem, et in mortem, et in fabulam. » (Tob.)

est bon, bénissons la divine Providence, qui nous a châtiés en bonne mère ;… nos désastres mêmes ont été un principe de régénération pour la France. — Les années de recueillement sont venues. — La nation, à la grande stupéfaction des Allemands, s'est refaite, et, malgré le vent et la marée montante, redeviendra le bras droit de la Providence, pour les grandes œuvres qu'elle a à reprendre, afin qu'il soit toujours dit d'elle dans l'histoire des siècles à venir : *Gesta Dei per Francos :* Exploits de Dieu par les Francs. *Utinam !!!* Mais mon patriotisme m'égare bien loin de mon sujet…. Pour revenir donc à nos abeilles, si décimées par les Prussiens, ajoutons que ce même hiver de 1871 nous a ouvert des horizons nouveaux dans la science apicole. — Aussi j'ai des communications du plus grand intérêt à faire à mes collègues et frères en apiculture : — j'en demande pardon si je le dis si naïvement ; j'ai la confiance qu'ils les recevront avec une vraie satisfaction.

Il n'est donc que trop vrai que les pauvres abeilles, dans les contrées de l'Est, ont encore plus souffert que nous. Les armées d'invasion *(proh pudor !)* en ont fait une vraie razzia : aussi j'ai cru un moment que c'en était fait pour nous de la gent mellifère. — Français et Prussiens, oui, même nos Français, mais c'est bien excusable, ils étaient si malheureux, comme de concert, avaient tout détruit. Pour mon compte, je possédais une quinzaine de colonies très peuplées et richement approvisionnées, qui me promettaient un essaimage précoce, colonies pleines d'avenir, dont j'étais justement fier.

Le 5 janvier, quarante mille Français, commandés par

Bourbaki, viennent séjourner trois jours à Montbozon. — Je logeais le général Clinchant et son état-major : j'étais donc en parfaite sécurité…. Mais, indépendamment des maisons, les rues, les places publiques, l'église, les vergers, tout était rempli de pauvres soldats couchant à la belle étoile par un froid de 10 degrés, quelques-uns les pieds nus et mourant de faim. — Rien d'étonnant s'ils se sont emparés de quelques rayons de miel pour tempérer l'âcreté de leur dur biscuit…. Huit jours après le passage des Français, les horribles Prussiens, vrais oiseaux de proie, s'abattent sur Montbozon, qu'ils traitent comme une place de guerre livrée au pillage…. Pour ne parler que des abeilles, toutes mes colonies, déjà entamées, ont été impitoyablement jetées dans la neige : celles-ci, quoique attaquées à l'improviste et ne se défiant de rien, se sont vaillamment défendues. — Après une lutte acharnée où les Prussiens, mis en fuite, ont reçu maintes blessures, mes pauvres abeilles, gisant dans la neige et mourant de froid, ont été volées, pillées, mais non vaincues. Je contemple le carnage avec stupeur…. J'en pouvais à peine croire mes yeux…. Le cœur me saignait à la vue de cette extermination…. Tout est donc perdu !… Mais non : j'aperçois quelques abeilles de deux colonies se mouvant encore autour de leurs rayons couchés dans la neige. — Je recueille religieusement et je réchauffe ces restes de la maison d'Israël, qui, après le naufrage, ne se sont pas battues, comme nous autres pauvres Français. Je les rends à la vie en leur fournissant quelque viatique ; puis, le printemps arrivé, comme ces bonnes et intelligentes créatures ont compris que la paix et le travail sont les meilleurs moyens de réparer les maux de la guerre, elles relèvent les remparts de leurs cités, jettent les fondements de nouvelles habitations, croissent et multiplient si bien qu'elles me donnent chacune un essaim. — La Providence vient visiblement à mon secours. Le 3 mai, notez la date, je recueille un essaim abandonné. Celui-ci, chose inouïe, m'en donne deux autres très forts, l'un en juin et l'autre le 8 juillet. — Voilà donc mon rucher à flot. — Mes voisins recueillent aussi des essaims, dès les premiers jours de mai, jusqu'aux 15 et 20 juillet. — Du reste, les essaims, en cet été réparateur de 1871, pullulent partout ; chaque colonie jette deux ou trois fois ; — l'essaim de l'année donne lui-même un ou deux rejetons : jamais pareille abondance ; c'est comme dans les Florides, où l'essaimage continue toute l'année. Les désastres de l'hiver sont réparés. Bénissons la divine Providence, si large dans ses dons [1].

---

[1] Toutes les règles conseillées par la prévoyance sur la limitation du nombre des essaims sont inutiles en cette année de si extraordinaire abondance, qui peut fournir aux provisions de tant d'essaims. — De grandes chaleurs mêlées de pluies périodiques prolongent indéfiniment le printemps et le conduisent jusqu'à l'automne....

Causes à noter de la prodigieuse abondance de l'été de 1871 : règne presque constant des vents du midi, — pluies périodiques et tièdes suivies de quatre ou cinq jours de soleil et de grandes chaleurs.

On a fait cette observation à propos de l'état atmosphérique : une ruche, la veille d'une averse, a donné 0,600 de nectar ; — le jour de l'averse, 0,400 ; — le lendemain, 0,000, parce que les fleurs n'ont que de l'eau ; — le surlendemain, au contraire, quand la pluie a produit son effet sur les plantes, qui souffraient de la sécheresse, la récolte sera de 1 kil. 500 ; le jour après, 1 kil. 200 ; — puis 0,600, et 0, quand la sécheresse sera complète et les fleurs presque fanées.

Pourtant, quel parti tirer de ces essaims, qui arrivent si nombreux, mais tardivement? Ils ne pourront pas tous recueillir les provisions nécessaires pour passer l'hiver. Il faut, pour les derniers venus au moins, venir à leur secours. — Mais par quel moyen? c'est ici la grande affaire.

Voici le moyen sûr et certain, c'est de leur servir la cantine [1].

II.

Je m'explique et je dis tout d'abord que je suis heureux de combler ici la lacune qui restait aux éditions précédentes de ce Manuel d'apiculture. — Je veux parler de la *cave* ou *cantine des abeilles*, procédé merveilleux de nourrir les mouches à miel hors de la ruche ; bien plus, les ruches qu'on veut, rien que celles qu'on veut ; de leur faire faire du miel en toute saison, le miel qu'on veut, de le parfumer, de hâter les essaims, etc., etc.

Il s'agit donc ici d'une vraie découverte, due aux patientes et ingénieuses expériences d'un de nos apiculteurs qui font le plus d'honneur aux sciences, le R. P. Babaz, de Lyon.

Amené dans nos contrées en qualité d'aumônier, pendant l'hiver de 1871, avec notre armée de l'Est, le savant naturaliste a daigné agréer l'hommage du *Livre des Abeilles*, et a bien voulu, en retour, me faire don de

---

[1] *Cantine* : vulgairement coffret à compartiments où l'on place des bouteilles, des fioles.... cantine militaire....

sa *Cave des apiculteurs*, qui nous initie à sa découverte, charmant opuscule, écrit avec une grâce infinie, rempli, à propos d'abeilles, de malices spirituelles, des conseils les plus salutaires sur une multitude de choses. J'ai lu et relu ce petit ouvrage, et le bon Père m'y ayant gracieusement autorisé, je fais part ici de la précieuse invention aux lecteurs du *Livre des Abeilles*, — juste ce qu'il faut pour mettre sur la voie. — L'apiculteur un peu habile essaiera ensuite, et le succès est assuré.

On le sait, un des plus grands fléaux des abeilles, c'est la famine. Tout praticien un peu observateur en est convaincu. — C'est là la cause des mécomptes qui découragent les commençants. Le pis est que le fléau ne s'abat pas seulement sur les vieilles ruches, mais surtout et de préférence sur les jeunes, qui sont la portion la plus active et la plus laborieuse du rucher, mais qui, n'ayant pas la possibilité avant l'hiver d'amasser des provisions suffisantes, périssent de faim durant cette cruelle saison, souvent même à la veille du printemps et des plus belles récoltes. — L'habileté de l'apiculteur consiste donc à écarter la famine, cette plaie dévastatrice de nos ruchers ; alors ils prospéreront infailliblement. Voilà pourquoi, dans nos dissertations, nous avons souvent insisté sur les avantages de n'avoir que des colonies riches et bien peuplées. Pour arriver à ce résultat, nous avons conseillé différents procédés, entre autres le nourrissage des colonies qui, ayant essaimé tard, n'ont pas le temps de faire des provisions suffisantes pour passer l'hiver.

Nous avons indiqué bien des moyens de nourrir les

abeilles, mais nous ajoutons aujourd'hui une remarque importante, c'est qu'il vaut beaucoup mieux ne pas procéder à l'intérieur des ruches, mais en dehors, c'est-à-dire qu'*il vaut mieux leur donner la nourriture loin de la ruche*. Des observations réitérées ont prouvé que les abeilles nourries à quelque distance de leur habitation se débarrassent, avant de rentrer au logis, de la partie aqueuse qu'elles ont absorbée, pour ne pas en souiller leurs rayons.

Il est donc avantageux de donner la nourriture à quelque distance de la ruche plutôt qu'à l'intérieur.

Pour le nectar, ou genre de nourriture à donner, on peut émettre que toute liqueur sucrée que les abeilles consentent à butiner hors des ruches peut être considérée comme un nectar véritable. Soit par exemple 100 parties : sucre ou cassonade, 23 ; eau, 77 : un peu plus ou un peu moins, n'importe. Si la cassonade est trop coûteuse, observons que tout sirop, de quelque extraction qu'il soit, qui contiendra à peu près les mêmes proportions de sucre qu'une prune bien mûre ou un raisin bien doux, sera le nectar choisi, s'il est économique.

Tout le monde a pu voir avec quelle avidité les abeilles butinent l'un ou l'autre, toutes les fois qu'elles le rencontrent.

Mais comment servir ce nectar ? — Comme fait la nature, en dehors des ruches, et en le faisant suinter si doucement, par de gros et puissants nectaires artificiels, qu'il soit impossible aux abeilles, en le butinant, de s'engluer ni pattes ni ailes. Voilà donc le nœud de la difficulté : *hic opus, hic labor.*

Jusqu'à ce jour, on remplissait un bocal qu'on recouvrait de toile solidement liée autour du goulot, puis on renversait rapidement le bocal sens dessus dessous, et on l'appliquait droit sur l'ouverture, qui se trouvait ainsi refermée. Bientôt les abeilles se mettaient à pomper avidement le nectar à travers la toile. Ce procédé, il faut le dire, est très bon en hiver pour nourrir une ruche en détresse ; aussi n'avons-nous pas manqué de le recommander. Mais voici qui est bien supérieur ; c'est la découverte du P. Babaz.

III.

A quelque distance du rucher il établit un guéridon, une étagère, si vous voulez, assez semblable à celles dont les cavistes se servent pour égoutter leurs bouteilles, mais percée de trous beaucoup plus gros et tels qu'il les faut pour planter *renversés* une dizaine de bocaux d'un décimètre d'ouverture : voilà la *cantine* [1]. C'est là qu'il inaugure une distribution régulière de nectar qui fera venir l'abondance dans ses peuplades, mais une abondance assurée, indépendante du temps, des fleurs et de tous les caprices des saisons.

La cantine ainsi constituée, les bocaux remplis et plantés sur leur étagère, il ne reste plus qu'à convier les abeilles à cet opulent festin, autrement, les *amorcer*. Mais comment s'y prendre pour appeler les abeilles à la cantine, bien plus, pour n'y appeler que les siennes, et en-

[1] Voir les planches nᵒˢ 24 et 25.

core celles des siennes qu'on veut nourrir? — Par une opération très simple, très facile, qui ne demande pas cinq minutes de temps, même la première fois qu'on la fait, la seule, du reste, qu'il soit nécessaire de faire.

Pour *amorcer* une ruche et faire fonctionner la cantine, voici donc comme on procède. Par une belle journée, les bocaux étant remplis et plantés droits sur leur étagère, on attend le moment de la soirée où les abeilles, revenues à peu près toutes du butinage, font leurs dispositions pour le travail de nuit. Alors on prépare une *capote* bien enduite de miel sur un bord, et on la présente de ce côté à l'entrée de la ruche qu'on veut nourrir, faisant en sorte qu'il s'y prenne le plus tôt possible huit ou dix abeilles ou davantage, s'il y a moyen, car plus il y en a, mieux cela vaut. Pendant qu'elles sucent avec avidité, on les transporte sans secousse jusqu'à la cantine, où l'on dépose la *capote* le plus près qu'on peut des nectaires artificiels. Cela fait, il n'y a plus rien à faire, la ruche est amorcée, les abeilles font le reste.

Si l'on veut nourrir plusieurs ruches, il faut répéter l'opération autant de fois et pour chacune, car une fois amorcée, une ruche l'est pour longtemps. Donc, grandes précautions sous ce rapport.

Nous avons dit qu'avant de servir la cantine, il fallait attendre que les abeilles fussent rentrées. Cette prescription est essentielle, autrement la cantine risquerait fort d'être envahie par les étrangères. Les abeilles, en temps ordinaire de l'été, rentrent toutes de quatre à cinq heures. Il reste donc encore du temps pour écouler beaucoup de nectar.

Pour plus d'intelligence, je précise davantage quelques détails de pratique. Deux choses seulement sont essentielles, les bocaux et quelques abeilles pour amorcer. Quant au reste, la cantine peut être placée à 20, 50 500 mètres, si l'on veut. Chacun doit s'arranger suivant ses convenances et l'emplacement dont il dispose. Cette distance du rucher permet aux abeilles d'évacuer l'eau qu'elles ont absorbée, et qui, pour le dire en passant, demeure forcément dans la ruche de la colonie nourrie à domicile, ce qui est le plus grave inconvénient de ce mode de nutrition à domicile.... Car, il faut bien l'avouer, tout insectes aériens qu'elles sont, les abeilles ne sont pas de *purs esprits;* dès lors qu'elles font partie du règne animal, elles sont sujettes à toutes les misères des corps animés. Ainsi, puisqu'elles *ingèrent, digèrent,* elles *exagèrent* aussi, nécessairement...., et, disons-le, leurs *exagérations* sont le grand inconvénient du mode de nourriture servie dans la ruche.

Aussi, voyez comme elles sortent du logis lorsqu'elles emmagasinent la nourriture servie à l'intérieur, surtout si la partie aqueuse domine dans le viatique. Ces sorties répétées ne sont nullement pour le seul plaisir de gambader. L'abeille n'accorde rien au plaisir ; elle est tout entière à son devoir. Contemplez dans ce cas le voisinage du rucher, voyez toutes ces gouttelettes qui perlent les feuilles, les tuiles, le linge d'alentour : ce sont les *exagérations* des abeilles, qui n'ont pas voulu souiller leurs appartements en sécrétant l'eau qu'on leur a servie avec la partie sucrée.

On comprend maintenant le tort ·de leur offrir la

nourriture dans la ruche, surtout si c'est en hiver, lorsque le froid empêche l'abeille de sortir du logis. Quel inconvénient, qui répugne à l'abeille, si propre, si délicate, et combien de maladies peuvent être la conséquence d'une habitation malséante et malsaine !

IV.

Manière de faire la cantine.

Chacun l'établit comme il l'entend. Voici une manière bien simple : sur deux piquets plantés en terre, vous établissez une ou plusieurs traverses superposées et munies de distance en distance de crochets ou d'échancrures auxquels vous suspendez vos bocaux renversés, absolument comme des rangées de saucissons. Le meilleur, c'est d'avoir un guéridon portatif (voir fig. 24 et 25), que vous transportez où bon vous semble. — De peur d'attirer imprudemment les abeilles, vous préparez vos bocaux chez vous, et vous les bouchez avec une toile solidement établie ; puis, l'heure venue, vous les suspendez à la cantine. Tout se passe avec le calme d'une ménagère qui donne à manger à ses poules.

La toile dont vous pouvez vous servir pour les nectaires est à votre choix : ce sont des rondelles découpées dans de vieux draps, de vieilles serviettes, et que vous serrez autour des goulots avec un anneau de caoutchouc ou une petite ficelle. — Vous devrez les tremper dans le nectar avant de vous en servir, et vous les appliquerez tantôt d'un côté, tantôt de l'autre, afin que les abeilles

les débarrassent elles-mêmes des scories déposées pendant le filtrage.

Utilité de la cantine.

Tout amateur d'abeilles un peu observateur peut indiquer à l'avance les avantages de la cantine ; ils sautent aux yeux. Nous en signalons quatre ou cinq majeurs, comme :

1° *Sauver des milliers de ruches appauvries ou d'essaims tardifs*. Rien de plus évident.

2° *Augmenter le travail des abeilles en en redoublant l'ardeur et la durée*. L'ardeur, car la cantine provoque la ponte de la mère et multiplie le couvain, — le couvain, qui est pour les abeilles l'intérêt suprême et la loi fondamentale de ces petites républiques, qui n'écoutent pas les calculs de l'égoïsme, mais sont fidèles au *Crescite et multiplicamini, et replete terram* : Croissez et multipliez-vous, et remplissez la terre. Voilà pour l'ardeur.

Quant à la durée du travail, c'est évident, puisqu'on n'appelle les abeilles à la cantine qu'après qu'elles sont revenues des pâturages, à quatre ou cinq heures du soir, et qu'elles continuent à travailler jusqu'à la nuit. — Il est incroyable quelle énorme quantité de nectar on peut écouler en cinq ou six heures de travail supplémentaire avec un nombre convenable de bocaux. Neuf ou dix contenant quinze litres suffisent à peine pour quinze colonies appelées à la cantine.

3° *Avancer et multiplier les essaims*. On sait que l'essaimage dépend surtout de deux causes : bonne population et copieuses provisions au printemps. Or, la cantine sert merveilleusement à approvisionner et surtout à multiplier la population d'une colonie ; car le nectar liquide et frais se prête parfaitement au mélange qu'en font les abeilles avec le pollen pour la nourriture du couvain. Donc, si on fait jouer la cantine au mois de février ou au mois de mars, on est sûr d'avoir des essaims précoces.

4° Récolter le meilleur miel de la contrée qu'on habite et bonifier le reste. Tout apiculteur sait que les fleurs ne donnent pas toutes le même miel. — Avec la cantine, nous pouvons faire un choix entre les fleurs. Voici la manière de procéder. Quand la fleur dont vous connaissez le produit commence à paraître, vous employez la cantine et vous menez vivement votre ruche en faisant feu sur elle de tous vos bocaux.... Bientôt elle sera pleine ; la fleur aussi a fait son apparition, le sainfoin, par exemple, qui donne un miel délicieux. Alors vous mettez votre *capote ;* puis, vous donnez encore une ou deux vives impulsions au moyen de la cantine, et vous abandonnez tout à la grâce de Dieu.... Deux ou trois semaines après, vous lèverez vos calottes, que vous trouverez pleines de ces beaux rayons jaunes, gros, gras et gonflés d'un miel exquis.

Nous n'essaierons pas de décrire toutes les utilités de la cantine. Avec elle vous pourrez parfumer le miel au rhum, à la vanille, à telle essence qu'il vous plaira. Avec elle vous pourrez essayer mille expériences diverses ; car la cantine entre vos mains ingénieuses deviendra,

si vous voulez bien l'entretenir, la poule aux œufs
d'or [1].

V.

Notre savant naturaliste, après nous avoir initiés à sa
découverte et montré un horizon nouveau de prospérité
pour l'apiculture, termine nécessairement son charmant
opuscule par célébrer les vertus dont l'abeille nous donne
l'exemple : Travail, économie, oubli de soi, dévouement
à la patrie, etc.... Ce sont là des lieux communs, si vous
voulez, mais choses toujours bonnes à rappeler. — Aujourd'hui que la France se démène au milieu de tant de
commotions diverses, je veux citer un trait dont nous
pouvons tous faire notre profit. Il y a quelques années, à
la suite de pluies prolongées pendant plusieurs jours, je
perdis une ruchée au printemps. Je la savais faible, mais
je différais, hélas ! de venir à son secours : les occupations de la semaine sainte absorbaient tous mes moments. Lorsque enfin je la visitai, il était trop tard.... Je
trouvai toutes les abeilles mortes, *toutes*, moins la
reine. Elle demeurait seule debout, au milieu des ca-
davres de ses enfants. *Cette majesté* survivant seule à
tant de ruines ne laissa pas de me frapper d'admiration
et de me donner à penser.... Les abeilles, toutes mortes
de faim, s'étaient donc oubliées pour sauver leur mère.
Quelle leçon ! — Virgile a donc bien raison de dire :

[1] La cantine des abeilles, m'écrit l'apiculteur des Pyrénées, M. Ga-
lau, oh ! qu'elle soit administrée avec prudence. Les régiments
étrangers y puisent trop largement, et finalement s'enhardissent au
pillage.

> His quidem signis . . . .
> Esse apibus partem divinæ mentis....

et Delille après lui :

> Frappés de ces grands traits, des sages ont pensé
> Qu'un céleste rayon dans leur sein fut versé.

Tout ce religieux respect, manifesté dans tous les siècles pour les abeilles, m'explique le mot d'une bonne femme de ma paroisse qui m'avait prié de faire l'inspection de son rucher au sortir de l'hiver.... Voilà une ruche, lui dis-je, dont les abeilles sont péries. — Avec une candide hardiesse que j'admirai au lieu de m'en fâcher, cette âme naïve me répondit : Monsieur le curé emploie là un mot qui n'est pas juste ; les abeilles ne périssent pas, elles meurent.

Je m'étonnais, je ne sais plus dans quel chapitre, que chaque verger de presbytère ou d'école primaire n'eût pas son petit rucher.... Aujourd'hui je suis heureux de constater que nous y arrivons, en Franche-Comté du moins, et tout le monde y gagnera : vous verrez !.... Chateaubriand veut dans chaque habitation curiale quelques colombes ; Lamartine, un gardien fidèle ; moi, je préfère quelques colonies d'abeilles, qui donnent de la vie à un jardin, fournissent à la table du pasteur son plus beau dessert et à l'autel la cire pure et symbolique que réclament les saints canons, et (je ne saurais le dire trop haut), par leur incessante activité et les labeurs infatigables de leur courte vie, nous crient avec saint Paul : *Tempus breve est :* le temps est court. Donc, tandis que nous en avons le temps, faisons le bien : *Ergo, dùm tempus habemus, operemur bonum.*

VI.

Comme je suis du métier (selon l'expression militaire), je ne puis résister au plaisir de citer une belle allégorie d'un prédicateur italien. L'âme de quelque aimable lecteur ou lectrice pourra en tirer son profit.

« Voyez-vous, disait le prédicateur, le beau temps que se donnent les oiseaux du ciel ? Il n'est pas de haies qu'ils ne franchissent, pas de jardin fermé où ils ne pénètrent. Ils ont véritablement tout le beau et tout le bon de ce monde. Le premier fruit qui mûrit, les premiers raisins qui se colorent, les premiers épis qui jaunissent, tout est pour eux. Ils en jouissent même à la barbe du maître, qui n'y peut rien.

» Voyez, au contraire, les pauvres abeilles, volatiles imparfaits, qui ressemblent à des campagnardes parmi les autres animaux. Elles n'habitent que de pauvres huttes de paille ou de bois, d'où elles ne sortent que pour travailler, se charger dans les champs de lourds fardeaux qu'elles apportent au logis, — repartir encore, sans repos ni trêve, occupées le jour à recueillir le miel, la nuit à le pétrir et à fabriquer leurs gâteaux.

» Mais voyez où vont aboutir le travail des unes et le beau temps des autres. — L'hiver arrive, et tout se couvre de neige et de glace. Les pauvres oiseaux, mourant de faim, ne sachant que devenir, vont de grange en grange attraper comme ils peuvent un misérable grain de blé, avec grand danger d'y laisser la vie. Aussi les entend-on piauler autour des greniers fermés ; et non seulement ils piaulent, mais ils jeûnent et meurent quelquefois de faim et de froid, pour être sans nourriture et sans abri, tandis que les abeilles, bien abritées dans leurs chaudes demeures, ont leur miel pour manger, leurs cellules pour habiter, et, après avoir bien travaillé pendant l'été, elles se reposent tout l'hiver au sein de l'abondance.

» *Uccelli di bel tempo*, oiseaux de beau temps, continue notre orateur, qui ne mettez pas même le moindre grain de côté pour l'avenir, qui mangez tout en herbe, que deviendrez-vous à l'heure de la mort ? Je vous attends à ce dur hiver, après avoir joué, sauté, dansé, paradé toute la vie. *Vade ad apem, ô piger, et disce sapientiam* [1] : Allez à l'abeille, ô paresseux, et apprenez d'elle la sagesse. » — Mais n'y eût-il que la nécessité de fuir l'oisiveté et ce triste conseiller pire encore, l'ennui, quel remède que l'apiculture ! Quel remède pour tant de gens qui vivent sans autre profession que d'être riches et de mourir d'ennui ! « Je ne marierai jamais ma fille à un homme inoccupé, disait naguère une femme de sens et d'expérience ; je sais trop ce qu'il en coûte pour désennuyer toute la vie un mari qui n'a rien à faire. » Franchement, apiculteurs, est-ce là votre défaut ? Avez-vous besoin qu'on vous amuse ? Ne savez-vous pas vous amuser tout seuls ? Est-ce vous qu'on voit encombrer des journées entières de votre inévitable présence le royaume domestique ? N'a-t-on pas plus de peine à vous y rappe-

---

[1] C'est ainsi que traduisent quelques exemplaires grecs cités par saint Jérôme. La Vulgate porte : *ad formicam ;* fourmi ou abeille, c'est tout un quand il s'agit de travail.

ler qu'à vous en exclure? Voulez-vous donc, ô mères, de bons partis pour vos filles? Donnez-les à des apiculteurs, mais à une condition toutefois : c'est que vos belles ingénues n'auront jamais été primées dans aucun comice agricole, ni même fréquenté les cours qui y mènent. Car, en songeant à un placement avantageux pour elles, je ne puis pas cependant oublier les intérêts de mes chers apiculteurs, présents et futurs.

VII.

Je reviens à quelques avis qui sont comme la quintessence de la bonne apiculture, de cette apiculture qui porte l'aisance et le bonheur au ménage.

1° Regardez comme un principe absolu de ne souffrir dans votre abeiller aucune ruche faible, sous aucun prétexte. Mais cela est-il possible? — Oui, puisque cela dépend de vous et que vous êtes au courant du parti que vous avez à tirer de ces colonies misérables qui vous ruineraient et vous désoleraient. — Vous le savez, plus une colonie est populeuse et riche, plus elle multiplie les bénéfices. — Une ruche est réputée bonne quand elle pèse, au mois de février, de 9 à 12 kilogrammes, avec sa population à l'avenant.

2° Ne souffrez pas non plus de vieilles ruches, dont les cires noircies pourraient communiquer une mauvaise qualité au miel, et dont les alvéoles, rétrécies par les dépouilles qu'y ont laissées les larves, n'offrent plus à la future génération que des berceaux trop étroits, où ne peuvent plus éclore que des abeilles petites et sans vigueur.

Mais que faut-il entendre par une vieille ruche, puis-qu'il ne peut être question des abeilles, qui se renouvellent sans cesse ? C'est celle qui a une cire noire ayant au moins quatre ou cinq ans. Vous n'aurez donc jamais de vieilles ruches si, au bout de ce laps de temps, vous enlevez au printemps la vieille cire, je veux dire cette cire sèche qui ne contient ni miel ni couvain et qui se trouve au bas de la ruche ; la cire du haut de la ruche, n'ayant jamais contenu que du miel, est presque toujours fraîche. — Les abeilles, aussitôt que le temps le permettra, auront bientôt reconstruit les édifices de leur cité. — Vous avez aussi un autre moyen de rajeunir l'habitation, c'est la superposition de la vieille ruche sur une autre qui sera vide.

D'aucuns disent : la ruche est vieille si la mère est vieille ; alors il faut la remplacer : je ne suis pas de cet avis, car les abeilles se chargent de ce soin ; elles ne gardent que très rarement une mère qui a perdu sa fécondité. Souvent le renouvellement a lieu avant que la mère soit vieille. En effet, combien de fois j'ai vu des ruches qui n'avaient pas essaimé pendant 5 ou 6 ans, et dont la population s'est toujours maintenue florissante.

On fait beaucoup de bruit en ce moment avec la ruche à rayons mobiles ; elle est grandement préconisée par les savants d'Amérique et d'Allemagne. — Elle peut très bien aller à nos grands savants et amateurs, mais elle est d'un emploi difficile, trop occupant et minutieux.

Encore une fois, vous, modeste apiculteur, voulez-vous de beaux profits, bien assurés et garantis ? défiez-vous des innovations en fait de ruches et de tant de beaux systèmes aussitôt oubliés que préconisés. Ayez sans doute une ou deux ruches d'observation, comme nous vous l'avons recommandé, pour vous rendre compte des travaux de vos ouvrières : ce sera une belle maisonnette que vous établirez comme objet d'agrément dans l'endroit le plus apparent de votre jardin. — Mais la ruche jamais trop recommandée, c'est la ruche en paille à calotte, que vous appellerez du nom qu'il vous plaira. En effet, on ne saurait énumérer tous les avantages que la ruche à calotte offre à un opérateur habile : mélange des colonies, super-position de ruches, calottage, décalottage, etc., etc.... Quant au calottage surtout, s'il est parfaitement inutile de donner une *capote* à une ruche qui n'est pas pleine, quelle perte c'est de négliger de la donner à la ruche qui regorge d'habitants ! Lorsque vous voyez vos ouvrières se mettre *en grève*, suspendues au bas de la ruche, ou collées, paresseuses, toute la journée, contre ses parois exté-rieures, gardez-vous de croire à une conspiration de leur part, à une demande d'augmentation de salaire ; non, non, la république des abeilles aurait honte de toutes ces manœuvres déloyales ; mais tous les magasins sont pleins, et nos infatigables travailleuses sont condamnées à un repos forcé : vite, vite donc, ajoutez des calottes. — Ce miel qui gonfle les nectaires des fleurs et transpire à la surface des feuilles, sans les calottes, sera perdu pour vous. — Si la saison va bien, elles pourront être remplies en huit ou dix jours, et vous aurez un miel digne de figurer sur la table des rois.

Quelques personnes s'effraient du décalottage et ne sa-vent comment faire partir les abeilles. — Rien de plus simple pourtant et, avec un peu de pratique, de plus promptement fait. Vous pourrez choisir entre les trois moyens déjà indiqués selon l'heure du jour et votre moment libre.

Un autre mode, c'est de poser la calotte pleine sous une autre calotte vide et de tapoter comme pour les essaims artificiels. Au bout de quelques minutes, toutes les abeilles sont parties.

Si vous êtes matinal, vous préférerez peut-être ce mode. — Vous enlevez la calotte le soir, vous la placez à la porte de la ruche mère, de manière que les abeilles puissent communiquer sans voler d'une ruche à l'autre : pendant la nuit elles vont toutes entrer dans la ruche mère. Au point du jour vous retirez la calotte vide. — Mais prenez garde de prolonger votre sommeil, sinon vos abeilles, plus diligentes que vous, reviendront en masse reprendre possession de la dîme que vous vous arrogez sur leur travail.

Pour le décalottage, comme pour toutes les autres opérations apicoles, quand vous devez traiter avec les abeilles, choisissez bien le moment favorable ; puis procédez avec douceur, sans bruit ni secousses, et avec ce calme et cette confiance qui sont les meilleures garanties de l'apiculteur contre les agressions. — Le plus souvent le camail protecteur et la fumée ne sont pas nécessaires. — Jetez-leur un peu d'eau miellée ; cette diversion les apaise et leur fait passer toute envie de guerroyer. Dans les mélanges surtout, si, avec un petit balai ou une branche de buis, vous aspergez d'eau miellée les abeilles qui se mettent en marche pour émigrer sous le toit de

leurs voisines, — au lieu de se battre, elles viendront lé-
cher le dos et les ailes des nouvelles venues, et la paix
sera faite, moyennant ce léger tribut.

On me demande ce que signifie ce bruit tumultueux
que font les abeilles d'une colonie qui s'avisent tout à
coup de sortir en grand nombre pour prendre leurs
ébats dans les airs. — C'est la *parade* des abeilles : figu-
rez-vous un essaim d'écoliers, un jour de congé, lorsqu'ils
partent tumultueux pour la promenade. — Retenus à la
salle d'étude pendant de longues heures, ils sont trans-
portés de joie d'avoir enfin la clef des champs. — Il en
est de même d'une peuplade d'abeilles. — Cette *parade*
arrive surtout après quelques jours de mauvais temps,
et au milieu de la journée, lorsque le soleil se met à
luire. Retenues prisonnières pendant plusieurs jours, elles
veulent prendre l'air et se dégourdir. — Pendant cette
promenade, qui dure à peine une demi-heure, les jeunes
abeilles essaient leur premier vol, étudient la contrée et
s'orientent en se retournant de droite et de gauche. Pendant la parade, les jeunes abeilles difformes essaient
aussi de voler, et tombent par terre pour ne plus se relever. — Un vol tumultueux indique une bonne colonie,
ayant une mère ; mais les colonies faibles se reconnaissent à la faiblesse de la parade, et celles qui sont orphelines ne donnent aucun signe de cette joyeuse agitation. C'est aussi par la parade que commence l'acte so-
lennel de l'essaimage. Nous aimons à voir les abeilles
faire parade, comme nous jouissons de la joie des écoliers partant pour une promenade *impromptu*.

CHAPITRE III

L'ABEILLE JAUNE D'OUTRE-MONTS. — SES QUALITÉS.
— LES AVANTAGES QU'ON EN PEUT TIRER. — OU ET
COMMENT SE LA PROCURER. — MANIÈRE DE FAIRE
ACCEPTER UNE REINE JAUNE PAR UNE COLONIE
D'ABEILLES NOIRES.

Les voies ferrées, plus rapides que l'aigle, *aquilis velociores*, les colis postaux qui suppriment les frais de voyage, le télégraphe prompt comme la pensée, ont doté notre France de l'abeille des plages orientales : l'abeille jaune d'Italie, de Palestine, de Chypre, de Carniole, de Java.

Jusqu'ici, le *Livre des Abeilles* avait gardé le silence sur ces sortes d'abeilles, qu'on connaissait à peine parce qu'il était trop difficile de se les procurer. Mais aujourd'hui qu'il n'y a plus de distances, le problème est résolu, les essais sont complets, et depuis plusieurs années les abeilles jaunes, par leur ardeur et leur âpreté au travail, donnent le ton dans notre apier, où elles tiennent le haut du pavé ; aussi, nous consacrons à cette admirable abeille un article entier de ces mélanges apicoles.

Il y a différentes espèces d'abeilles jaunes : la grande abeille de l'île de Java, *apis dorsata*, importée en Allemagne depuis peu par un apiculteur hanovrien, M. Datt, qui a entrepris le voyage de Java, à ses risques et périls, uniquement pour introduire en Europe ce précieux insecte.

L'*apis dorsata* appartient à la plus grande espèce connue des mouches à miel. Les deux premiers segments de son corselet sont de couleur orange foncé et transparents ; sa taille est à peu près le double de celle de notre abeille commune.

Voici ce qu'écrit sur cette abeille le *Bulletin d'agriculture de la Haute-Saône :* « L'importation en Europe de l'*apis dorsata* sera pour les apiculteurs d'une grande importance. On sait que nos campagnes sont riches de fleurs qui abondent en miel et restent longtemps épanouies, mais dont le calice est trop étroit et trop profond pour que nos abeilles, avec leur courte trompe, puissent en aspirer la contenance. A cette espèce de fleurs appartiennent notamment celles des trèfles qu'on cultive dans nos pays, et qui couvrent de vastes territoires dans la plaine aussi bien que dans la montagne. On peut aisément se figurer l'énorme quantité de miel qui est délaissée par nos petites abeilles, et qui sera recueillie et emmagasinée par l'abeille de Java, pourvue d'une trompe beaucoup plus longue que la leur. — Il n'est pas douteux que si l'on parvient à l'acclimater, son adoption ne fasse époque dans notre économie rurale. Nous attendons le résultat des expériences qui se font en ce moment.

L'abeille de Chypre et de Palestine, d'un jaune foncé, offre à peu près les mêmes caractères que l'abeille d'Italie, si ce n'est qu'elle est encore plus vive et plus active.

Il en est de même de l'abeille *carniolienne*, mais, dit l'apiculteur de Pont-de-Roide, d'une sauvagerie difficile à dompter. C'est donc à l'abeille jaune d'au delà des monts, l'abeille alpine-romaine, d'Italie, que nous consacrons les lignes qui suivent.

L'abeille jaune d'outre-monts (Italie, Palestine) est un peu plus longue et une idée plus grosse que notre abeille de France ; son vol est plus léger et produit un bourdonnement plus doux. L'abeille d'Italie se distingue de la nôtre surtout par sa couleur ; elle a deux ceintures colorées en jaune : la première s'étend sur toute la surface de l'anneau supérieur de l'abdomen ; l'autre ne s'étend que sur une partie de la largeur du second carreau. — La couleur tient du jaune laiton et du cuivre rouge. Tous les apiculteurs qui ont fait l'essai d'abeilles italiennes se plaisent à reconnaître la supériorité de cette race sur la race gauloise. L'abeille jaune est plus alerte, plus vigilante, plus active que la nôtre ; elle est plus douce, plus abordable, et, qualité bien recommandable, n'use de son aiguillon que dans les cas extrêmes, fait que nous nous sommes plu à constater. L'abeille virgilienne, plus féconde, essaime aussi plus volontiers que notre abeille indigène ; elle va au travail plus matin et revient plus tard ; elle a l'odorat plus fin et découvre mieux les plantes mellifères ; sa trompe étant plus allongée que celle des abeilles communes, elle butine sur les fleurs délaissées par celles-ci. Elle garde mieux ses pénates contre les ennemis du dehors, mais ne se fait pas faute de visiter quelquefois la demeure de ses voisines. Souvent on trouve ses magasins remplis de provisions lorsque ceux des abeilles noires sont vides. Somme toute : forme plus belle; activité plus grande ; travail plus âpre et plus productif. En un mot : *Vincit formá, vincit magnitudine.*

A ces détails ajoutons qu'il est difficile de conserver pure la race jaune, mais l'abeille métisse paraît avoir les mêmes qualités que l'abeille jaune. Une mère jaune peut produire tout à la fois des ouvrières jaunes et des ouvrières noires. Ceci arrive sans doute parce qu'elle a été fécondée par un bourdon d'espèce commune.

Ces qualités que nous venons de mentionner recommandent l'abeille d'outre-monts à tout apiculteur ami du progrès.

Veut-on des témoignages? Je donnerai celui d'un grand apiphile, M. Magnien, doyen de Rivière, près d'Arras, praticien des plus intelligents. — « J'ai un fait à constater, nous écrit entre autres choses cet habile observateur, c'est que le travail de nos abeilles a été nul dans toute la contrée du nord pour les abeilles du pays. Quant à nos abeilles italiennes, elles sont dans des conditions différentes. Cette assertion va vous étonner, mais je ne l'invente pas, je la constate. Mon premier essaim italien, sorti le 16 mai, pèse encore à l'heure présente (10 janvier) 30 kilos ; mes deux derniers essaims italiens croisés et sortis du 10 au 12 juin pèsent, l'un 20 kilos et l'autre 14 kilos, tandis que les plus forts essaims des abeilles noires ne pèsent guère plus de 5 à 6 kilos.

» Il est certain qu'il fallait une année de disette extrême pour apprécier toute la valeur de l'abeille italienne. Chose plus étonnante encore, la ruche d'où est sorti le premier essaim italien m'a donné trois essaims. Le deuxième pèse comme 15 kilos ; le troisième, qui n'avait qu'une petite poignée d'abeilles, a été donné à un de mes amis. La reine était tellement féconde que cette petite peuplade est devenue la plus forte de mon apier, » etc.

Voilà des résultats étonnants et d'une exactitude parfaite ; nous pourrions multiplier les citations, mais c'est inutile ; la question est élucidée.

Un de mes amis, apiculteur habile, mais un peu routinier, me dit sur le ton plaisantin : L'abeille piémontaise, vu le lieu de son origine, pourrait bien avoir quelques instincts corsaires, et, sans façon, s'annexer le bien d'autrui.

L'assertion, je le veux, n'est pas absolument gratuite, puisque, chez les êtres qui n'ont pour règle de conduite que l'instinct, quelque subtil qu'il soit, *la force prime le droit*, mais principe faux pour l'homme doué de raison et de libre arbitre ; oui, principe absolument faux, quoique, hélas ! trop pratiqué. Mais l'abeille d'outre-monts userait-elle et abuserait-elle de son activité et de sa vigueur pour prélever quelque dîme sur ses congénères, qu'il y aura toujours de grands avantages à se la procurer, pour toutes les raisons que nous avons énumérées, surtout si nous ajoutons que ce sera un moyen sûr de régénérer la race indigène, en la croisant avec une race de constitution plus vaillante. — Pour de sages motifs, l'Eglise défend les mariages entre consanguins ; les mêmes raisons physiques militent en faveur du mélange des races d'abeilles de différentes contrées.

Agir en conséquence est donc bien mériter de l'apiculture.

Mais le moyen de se procurer des abeilles mères (mères fécondées) d'au delà des Alpes, quel est-il ?

Moyen de se procurer l'abeille d'outre-monts. — Depuis que des expériences nombreuses ont fait connaître l'abeille jaune, il s'est formé des établissements qui les préparent et les expédient. Il y a seulement l'embarras du choix : nous indiquons les plus connus.

A. Mona, apiculteur à Bellinzona (Suisse italienne).

E. Rutty, à Osogna, près Bellinzona (Suisse italienne).

Pometta, à Gudo, canton du Tessin.

Tremontani, à Porto Valtravaglia (lac Majeur).

Mme Chinni, à Prado e Sasso, Bologne (Italie).

J. Fiorini, à Montselice (Italie) (abeilles italiennes et chypriotes), etc., etc.

La colonie ou l'essaim du poids de 1 kilo d'abeilles coûterait, selon la saison, de 15 à 20 francs. On le demanderait envoyé comme colis postal, et, à son arrivée, on ne manquerait pas de s'assurer qu'il est en bon état.

On pourrait aussi demander une mère fécondée avec une trentaine d'abeilles contenues dans une petite boîte, dont le prix, suivant la saison, serait de 4 à 7 francs.

La demande a été faite, nos voyageuses, comme de grandes dames, sont arrivées par le train express. — Il convient d'aller les recevoir à la gare, de bien s'assurer que la reine est vivante et que la colonie est bien portante, puis de les déposer en un lieu bien aéré et de les mettre en possession de leur nouveau palais ; mais n'allons pas trop vite en besogne ; ici gît la grande difficulté.

1° *Manière de faire accepter une reine jaune par une colonie d'abeilles noires.* Posons d'abord cette assertion qu'il ne faut pas perdre de vue, c'est que jamais une colonie qui a une mère fécondée n'en accepte une autre de prime abord. La nouvelle venue est aussitôt environnée, circonvenue, pressée, serrée de mille abeilles qui la tiraillent, la mordent, l'étreignent, quelquefois jusqu'à l'étouffer et la réduire à un état impossible, si elle ne succombe pas entièrement.

Il faut donc user de quelque stratagème pour faire adopter une mère qu'on veut donner à une colonie indigène. Chaque apiculteur a le sien ou en invente un, pour mettre en défaut la perspicacité des abeilles et les attraper par quelque ruse ingénieuse.

Voici quelques procédés employés par les grands maîtres. Il suffit de les indiquer d'une manière sommaire pour mettre sur la voie : *intelligenti pauca.* •

Il s'agit, disons-nous, de faire adopter une mère par une colonie étrangère. Au moment de la récolte, portez vos calottes pleines de miel et d'abeilles dans une chambre dont vous avez fermé les volets. Au bout de quelques minutes, les abeilles inquiètes, gorgées de miel, volent à la croisée sans songer à se battre entre elles, ou elles errent avec rapidité dans les couteaux, cherchant une mère. Vos calottes sont rapprochées le plus possible les unes des autres. Bientôt elles se dirigent toutes vers l'heureuse ruchette qui possède une reine, et son adoption n'occasionne pas de guerre civile.

On peut aussi très bien placer la reine avec ses vingt ou trente compagnes dans une toile métallique, grosse et ronde comme le goulot d'une bouteille, et fermée en haut et en bas avec deux lièges. On l'introduit dans la ruche, et, au bout de deux jours, on ôte un des lièges. Les abeilles ne vexeront plus leur reine d'adoption, *si l'ancienne a été enlevée préalablement.* Ce moyen, qu'on emploie souvent avant la saison des essaims, réussit toujours.

Un autre moyen, de l'invention de M. le doyen de Rivière, qui, dit-il, lui réussit à ravir, c'est le suivant. Lorsque le moment est venu, il fait un essaim artificiel tiré d'une ruche très forte, dans laquelle il ne laisse que quelques centaines d'abeilles, qu'il emprisonne en fermant la porte d'entrée. La calotte a été enlevée le matin et l'essaim artificiel a été fait après midi. Le soir, à la brune, il prend la petite boîte contenant la reine italienne et ses quelques compagnes. Il ôte la petite planchette qui la recouvre et lui substitue un couvercle de toile métallique, et place la petite boîte ainsi couverte sous la calotte bien fermée : bientôt, quelques abeilles de la souche y montent, attirées par la curiosité; il laisse passer la nuit. Le lendemain, vers les six heures, il soulève la calotte vide et détourne la toile métallique; si tout est en paix entre les abeilles des deux familles, il en conclut que l'adoption de la reine est faite. — Dans le cas contraire, il remettrait la toile métallique sur la boîte et il attendrait, pour donner la liberté à la reine étrangère, jusqu'au soir ou au lendemain matin, où, sans conteste, elle entre en possession de son nouveau palais. — Bientôt la ruche se repeuplera par la naissance d'abeilles qui sont à l'état de larves, et surtout par le moyen suivant, bien plus simple que tous les autres. — Quand un essaim sort, il prend des abeilles par groupes et les introduit sans façon dans la ruche italienne, où elles sont reçues en amies. — Lorsque la population est suffisamment nombreuse pour résister au pillage, il élargit l'entrée de la ruche; partant, la nouvelle reine ne perd pas de temps, et, au bout de trente jours, il voit avec bonheur des abeilles jaunes sortir tout doucement et discrètement pour saluer le soleil, prendre leurs ébats, respirer le parfum des fleurs et y recueillir le divin nectar. O providence de mon Dieu, que vous faites bien toutes choses!

Les procédés d'italianisation sont nombreux. En voici encore un autre. Transvasez complètement puis transportez à quelques pas la ruche qui renfermait les abeilles; — ensuite introduisez une mère jaune et replacez la ruche sur son tablier; — petit à petit les abeilles transportées à quelque distance sont sorties du panier vide pour aller à la picorée, et naturellement sont rentrées dans la ruche italianisée, et ont accepté sans plus de difficulté leur nouvelle reine; — presque toutes les abeilles transvasées ont ainsi repris leur ancienne place. — Deux ou trois cents sont restées dans le panier vide, avec leur ancienne reine. Trois semaines après vous verrez sortir de jeunes abeilles jaunes. — Ce mode d'opération est basé sur le système de permutation. Comme en temps de miellée les abeilles, dans la permutation, acceptent leur nouvelle reine, ainsi elles adoptent la reine italienne substituée à la leur.

2° Ce que nous venons de dire concerne la manière de faire adopter une mère abeille étrangère, lorsqu'elle n'est accompagnée que de quelques abeilles. Si c'est un essaim italien tout entier qu'on reçoit, ce qui est bien préférable, on peut en tirer un parti très avantageux. — Voici le conseil que me recommande M. Collin, ce praticien parfait, dont les expériences sont si sûres, et qu'on peut écouter comme l'oracle de l'apiculture.

Je lui demandais lequel des deux il croit préférable de se procurer : une reine italienne accompagnée de quelques abeilles, ou un essaim tout entier. — A votre place, me disait-il, je me procurerais une colonie ayant un kilog. d'abeilles à recevoir pour fin d'avril.

A son arrivée, je ferais un essaim artificiel sur la plus forte de mes ruchées, de manière à transvaser le plus possible la population. L'essaim resterait à la place de la souche, et celle-ci serait mise par-dessous la colonie italienne.

Vingt jours après ce premier essaimage, je ferais un essaim artificiel sur la colonie jaune. L'essaim serait mis à la place de la souche, et celle-ci serait mise à la place d'une ruchée très forte.

Treize à quatorze jours après cet essaimage de la colonie italienne, je ferais un essaimage secondaire sur la même ruchée italienne, en mettant l'essaim secondaire à la place de la souche, et celle-ci à la place d'une ruchée très forte, dont on aurait enlevé la mère la veille ou l'avant-veille.

Cette ruchée très forte serait mise à une place vacante, comme aussi la ruchée qui a été remplacée par la souche italienne, lors de son premier essaimage. De cette façon vous auriez trois belles colonies jaunes.

Outre ce moyen, vous pourriez encore vous procurer d'autres colonies italiennes en prenant dans la souche jaune, neuf à dix jours après son essaimage primaire, des cellules maternelles operculées, pour les donner à d'autres colonies dont vous auriez enlevé les reines quelques jours auparavant.

Voilà des moyens admirables de l'application du *Crescite et multiplicamini* et de régénérescence apicole que la divine Providence met entre les mains de ceux qui étudient le jeu de ses ineffables dispositions.

Voulez-vous quelque chose de plus simple et de tout à fait facile ? Ecoutez :

Il y a quelque dix ans, un apiculteur d'une amabilité parfaite voulait bien me gratifier d'une colonie d'abeilles originaire de Crémone, qui m'arrivait en une journée, grâce aux ailes de fer, *plus rapides que l'aigle.* Virgile, ruiné par les gens de guerre, se lamentait que Mantoue fût si près de Crémone :

Mantua væ miseræ nimium vicina Cremonæ!

Je me félicite, moi, que les voies ferrées ne m'en éloignent que de vingt-quatre heures. — Mais, ô contre-temps fâcheux ! mes Crémonaises m'arrivent le mercredi saint, c'est-à-dire la semaine de l'année où tous mes instants sont absorbés par les devoirs du saint ministère.

N'ayant nul moment à donner à mes bruyantes hôtesses, j'enlève tout bonnement le treillis d'une des petites fenêtres et je dépose prestement la boîte qui les tenait captives sur l'ouverture d'une ruche qui ne contenait autre chose que deux ou trois rayons de cire. — Je ne connaissais pas encore l'abeille jaune.... Quelques mouches s'échappent. En voici une qui est blessée ; elle tombe à terre. O mon Dieu! c'est la reine : voilà bien sa couleur et sa forme allongée.... Je me trompais, tant ces abeilles transalpines ressemblent, par leur couleur et leur forme, à nos reines indigènes. — Je les contemple avec admiration et je reconnais la vérité de ces vers du poète :

> Elucent aliæ et fulgore coruscant
> Ardentes auro....
> Hæc potior soboles [1].

Mes abeilles, de suite acclimatées, se mettent au travail avec ardeur, et, malgré leur petit nombre (la colonie pesait à peine un kilo), elles prospèrent et se multiplient merveilleusement. — Chose bien digne de remarque, j'ai découvert, à la mi-octobre, plus d'abeilles jaunes sur les fleurs d'automne que d'abeilles noires.

Observons ici que pour forcer les abeilles jaunes à descendre dans la ruche qu'on leur a préparée, on peut briser la boîte qui les contient ou la remplir de papier ou de chiffons.

Disons encore que l'apiculteur des Pyrénées, ayant lu mon article sur l'abeille jaune, me fait cette observation : « Moi aussi j'ai essayé des italiennes. Malgré leur beauté, leur douceur, leur activité incontestables, je n'ai pas été finalement encouragé à renouveler des tentatives coûteuses d'acclimatation dans nos montagnes.

---

[1] D'autres étincellent et brillent de taches d'or. C'est la meilleure race.

D'ailleurs, le croisement de la race est inévitable. D'autres aussi ont éprouvé des mécomptes ; une certaine réserve s'impose dans la recommandation de cette belle race. » — D'un autre côté, des apiculteurs américains, envieux des produits du vieux monde, sont tellement convaincus de la supériorité de la race transalpine, que malgré les frais, les distances, les risques de la traversée de l'Océan, ils n'hésitent pas à faire annuellement, par centaines, des importations de reines italiennes. — D'après leur avis, cette abeille, plus douce et mieux apprivoisée, rapporterait le double d'une colonie indigène.

Ici la prudence nous dit de tenir un sage milieu entre l'enthousiasme et une défiance excessive.

CHAPITRE IV

I.

Il y a quelques années, dans un but et un intérêt purement apicoles, je me suis rendu à l'exposition universelle d'apiculture à Paris, afin d'en juger *de visu* et d'en rendre compte à mes lecteurs, car je me regarde comme leur homme lige, et, lorsque j'écris, c'est une dette que je me crois obligé de leur payer. — Reportons-nous donc à cette époque peu éloignée de nous, et acheminons-nous bravement du côté du palais d'apiculture.

Nous voici au beau milieu du Trocadéro…. Quelles larges allées ! quelles pelouses spacieuses et verdoyantes ! Çà et là des kiosques, des pavillons élégants qui, par leurs formes diverses, attirent les regards. — Je cherche le pavillon d'apiculture…. J'avise une modeste maison de ferme, couverte de chaume ; je lis sur le frontispice :

« N° 83. Insectes utiles et nuisibles. » — Mais il n'est pas possible que ce soit là, dans ce local si restreint. — Si, c'est bien là. J'entre et je jette un coup d'œil général. Le premier aspect me fait l'effet d'un magasin d'épicerie renforcé d'objets de bric-à-brac. — Tout est pêle mêle : pots de miel, liqueurs, pains d'épice, poudre insecticide, hydromel, cocons de vers à soie, ruches de mille formes, calottes de miel, pressoirs, instruments apicoles de mille façons etc., etc. Tous ces objets ici gisent à terre, là sont montés sur des étages inaccessibles à l'observation. — Je demande un catalogue; il n'y en a pas. — J'aperçois de magnifiques et somptueuses ruches; mais elles sont posées à huit ou dix pieds au-dessus du sol; nulle possibilité de les visiter. — Je voudrais procéder avec ordre; mais comment le faire dans un capharnaüm où tout se presse? — Ce Trocadéro si vaste, qui étale des pelouses si spacieuses, n'a su donner à l'exposition d'apiculture qu'une chaumière sans étage et aux proportions restreintes d'une pauvre maison de ferme. Aussi ne soyons pas étonnés s'il s'est élevé un cri universel de réprobation de la part de tous les apiculteurs. Ceux-ci l'appellent un four où l'on ne peut pénétrer; d'autres, non une exposition, mais une confusion universelle. La plupart des exposants sont si peu satisfaits, qu'ils veulent rédiger une protestation au ministre de l'agriculture. Le plus modéré de tous se contente de dire que l'exposition d'apiculture est une tache d'huile sur une robe de satin blanc.

Mais faisons trêve à nos mécomptes et disons ce que nous avons observé d'utile et de vraiment pratique.

Nous ne mentionnons que pour la forme les produits

des abeilles, étalés partout sous les formes les plus belles et les plus diverses : miel en rayons ou coulé, pains de cire de toutes façons et de toutes couleurs, liqueurs au miel, hydromels, pains d'épice et friandises de toutes sortes, etc. On voit que tous ces produits ont été préparés pour l'exposition. — Il en est de même de bien des instruments apicoles. — Je contemplais un certain *nourrisseur* à forme très ingénieuse, et j'en demandais un semblable. « Cet instrument, m'a-t-il été répondu, a été fait en vue de l'exposition. »

Voici les ruches. Il y en a partout ; mais les plus belles sont huchées sur des étagères hors de portée. — Je n'essaierai pas de décrire toutes ces formes si variées et parfois si bizarres. Une ruche de Russie, en paille et tournante, peut contenir à la fois cinq ou six colonies. — Les ruches à rayons mobiles sont les plus nombreuses. — Voici des métiers à fabriquer les ruches en paille, et à côté les ruches fabriquées avec ces métiers.... Je les trouve trop minces, et je préfère la main-d'œuvre de nos ouvriers franc-comtois, tant pour la solidité, la beauté, que l'économie. — Je vois partout les ruches en paille étroites et hautes, et je regrette de ne pas trouver notre belle ruche franc-comtoise, si bien façonnée et plutôt large que trop haute.

Je m'arrête avec prédilection devant quelques belles vitrines. M. Hamet, l'abbé Sagot, M. Abadie, de Bordeaux, frère Albéric, ont les plus belles places et les exhibitions les mieux coordonnées.

M. Hamet étale six petites calottes pleines d'un miel admirablement blanc. Pour obtenir cette pureté de miel, on doit enlever la calotte aussitôt que le travail des abeilles est achevé. Ajoutons que si l'on veut conserver le miel en rayons parfaitement clair, il faut le priver d'air, par exemple en collant du papier autour de la calotte.

Le complaisant gardien de la riche vitrine de l'abbé Sagot me fait goûter de l'hydromel et des liqueurs de sa belle exhibition. — Exquis, exquis.

Nous sommes dans l'allée de la chaumière apicole où l'on s'arrête le plus volontiers. En effet, on a placé dans toute la longueur du pavillon les ruches d'observation avec leurs abeilles vivantes, au nombre de 15 à 20 colonies, mais rangées de manière qu'on a laissé une issue à chaque peuplade en dehors de la chaumière. M. Saint-Pée expose une ruche d'observation en bois, aussi haute que large (33 centimètres environ de toutes faces). Chaque carré est composé d'un grand verre, fermé par un volet qui s'ouvre et se ferme à volonté. Celle de l'abbé Sagot, pleine d'abeilles vivantes, est curieuse ; c'est une croix épaisse dont le croisillon, absolument semblable, règne de haut en bas.

La plupart des ruches d'observation qui contiennent des abeilles vivantes sont des espèces de balles de merciers ambulants, hautes et longues, mais sans largeur (10 à 15 centimètres), avec deux grands verres accompagnés de leurs volets. — Telles sont la plupart des ruchées italiennes.... A la couleur d'or de ces belles abeilles, je répète le vers de Virgile : *Elucent aliæ, auro coruscant ; hæc potior soboles : D'autres brillent comme l'or ; c'est la meilleure race.* — A ma visite au pavillon chinois, j'ai aperçu une de ces abeilles s'appropriant des confiseries du Céleste Empire. — Le gardien à longue queue l'écartait doucement de la main ; mais l'insecte s'obstinait en revenant toujours, et on le laissait faire.

De notre excursion au Trocadéro recueillons quelques fruits. Le mobilisme (les ruches à rayons mobiles) trônait à l'exposition. N'importe, pour les résultats, je veux dire économie de travail, de dépense, de temps, et beaux profits, il faudra toujours préférer le fixisme (les ruches simples).

La ruche franc-comtoise, en paille, dont je dirai encore un mot tout à l'heure, sera toujours, malgré tout ce que j'ai vu, la première des ruches.

Une ruche d'observation qui m'a beaucoup plu est la ruche à porte-rayons de frère Albéric — que j'ai décrite ailleurs. — Je ne saurais trop la recommander aux amateurs, ainsi que la bourdonnière.

On me demande de différents côtés des instruments apicoles. Il en faut assurément, puisque le meilleur ouvrier ne peut rien sans un bon outillage.

Voici quelques renseignements recueillis au Trocadéro.

On trouve au bureau de l'*Apiculteur*, rue Monge, 67, la plupart des instruments apicoles : cératome, ou couteau à extraire les gâteaux, 3 fr. 50 ; spatule à décoller les ruches, 1 fr. 50 ; masque et camail protecteur, 1 fr. 50 et 3 fr. ; enfumoir, 3 fr. ; toile métallique pour protéger les mères italiennes, 20 c., etc.

Un nourrisseur en poterie, 25 centimes : chez M. Abadie-Ferrand, à Captieux (Gironde).

Nourrisseur à cuvette pour le haut des ruches, 1 fr.

25 ; couteau à extraire les rayons, 1 fr. ; enfumoir en fer-blanc, 3 fr. ; mellificateur solaire : chez M. Arviset, à Montigny-sur-Aube (Côte d'Or).

Enfumoir perfectionné, 3 fr. 50 : Frère Albéric.

Nourrisseur à cuvette, avec un ballon en verre à col droit, renversé sur une capsule, et qui permet aux abeilles d'enlever la nourriture sans se noyer, et à l'apiculteur de voir quand il faut recommencer, M. Bordessolles, à Pontoise. Rien de plus commode que ce nourrisseur, 3 fr. 50.

Mais c'est déjà trop. Nous ne parlons ni des ruches, ni des pressoirs, ni des différents réceptacles de cire et de miel, etc. Cela se trouve partout ; les amateurs ont l'embarras du choix.

Notre visite à l'exposition universelle d'apiculture a eu cet avantage de nous mettre en rapport avec d'habiles praticiens, un, entre autres, élève de Vignole, et les deux articles qui vont suivre, surtout celui du nourrissement artificiel, sont une découverte précieuse que nos amis nous sauront gré de leur faire connaître.

II.

Essaimage précoce.

Il est quelques principes sur lesquels on ne peut jamais trop insister : colonies bien peuplées au printemps, vivres plus que suffisants, logement assez vaste pour laisser la colonie se repeupler et recueillir ses provisions à l'aise.

Tout cela posé, voici quelques recommandations qui sont la quintessence de la bonne apiculture : pratiquer l'essaimage précoce, soit naturel, soit artificiel, avec permutation de colonies, mais de préférence l'essaimage artificiel ; puis, si l'on veut, au bout de 21 jours après la sortie du premier essaim, récolter la ruche qui l'a donné.

. L'essaimage précoce est-il possible ? Oui, même l'essaimage naturel, en observant les deux points recommandés : population nombreuse, vivres abondants, *surtout si l'on stimule la ponte de la reine par le nourrissement spéculatif*. Nous dirons tout à l'heure ce qu'on entend par nourrissement *spéculatif*, et en quoi il diffère de celui que nous appellerons *obligatoire*.

Observons-le tout d'abord à ceux qui prennent quelque souci de la prospérité de leur apier, l'essaimage naturel n'est pas suffisant, puisqu'il arrive en général trop tard et seulement après la multiplication des bourdons, ce qu'il faut éviter, puisque ces gros viveurs amoindrissent les provisions.

On croit généralement qu'on ne peut avoir de miel et d'essaims tout à la fois. C'est une erreur. Si la pratique apicole est conduite avec intelligence, *l'essaimage ne nuira pas à la récolte du miel*.

Quel est le moyen ? C'est à l'essaimage naturel, à l'essaimage tardif, de substituer l'essaimage anticipé, avec *permutation* multiple.

Quand et comment s'y prendre ?

Dès que la flore principale du pays commence à donner, avant même l'apparition des bourdons, par un beau jour de travail, faites ceci, qui est bien tout ce qu'il y a de plus simple. Mettez l'essaim, soit naturel, soit artificiel, à la place de la souche et portez celle-ci (la souche ou mère ruche) à la place d'une autre ruchée bien peuplée, dont les butineuses, qui sont aux champs, viennent promptement réparer les vides faits par l'essaimage.

Cette ruche ainsi fortifiée amassera plus qu'une autre, parce qu'elle n'a plus de reine, si ce n'est au berceau. Elle aura en outre l'avantage d'être limitée dans son essaimage et ne donnera plus qu'un deuxième essaim qui arrivera à jour fixe, le treizième jour ; permutée de nouveau après la sortie de son deuxième essaim, elle se refera pour compléter sa moisson, et, vingt à vingt-cinq jours après l'extraction de son premier essaim, on pourra la récolter complètement, parce qu'elle n'aura plus de couvain. Pour le dire en passant, c'est là une des plus belles récoltes de cire et de miel qu'on puisse faire, et cela sans presque aucun travail.

Dans la permutation des ruches, il est entendu que la colonie dont on extrait le nouvel essaim est mise à la place d'une autre ruche forte en population ; celle-ci est portée à une autre place quelconque, où elle se repeuplera suffisamment par la naissance des jeunes abeilles, comme nous l'avons dit ailleurs.

Observation importante. N'oublions pas que les ruches qui ont donné un ou plusieurs essaims n'ont plus de couvain vers le vingt-quatrième jour qui suit l'enlèvement du premier essaim. On doit donc les récolter sans plus tarder, à moins qu'on ne tienne à les conserver pour l'année suivante.

Pour récolter une ruche, on en chasse la population, comme si on voulait faire un essaim. Cette population chassée forme une nouvelle colonie que l'on met à la place d'une autre ruche supprimée, en attendant qu'elle puisse être utilisée d'une manière quelconque. — On pourrait aussi, par un beau jour de travail, la secouer tout bonnement devant le rucher ; les abeilles seraient reçues en suppliantes dans les colonies voisines.

Je me résume.

Agir dès le premier printemps, en vue d'obtenir des essaims précoces ; par exemple, au moyen du nourrissement *spéculatif.*

Tirer d'une bonne colonie, même avant l'apparition des bourdons, un essaim artificiel.

Mettre l'essaim à la place de la ruche opérée. — Celle-ci ira prendre la place d'une forte ruche, laquelle sera portée elle-même à un autre endroit quelconque.

Dans ces conditions tout ira bien et prospérera merveilleusement. — Ce procédé est si simple, si facile, d'un succès si certain, que nous le conseillons si l'année n'est pas précoce et riche, pour le placement de tous les essaims. Pratiqué avec intelligence, les bourdons naîtront en moins grand nombre ; les reines seront renouvelées ; bien des mécomptes seront prévenus, et la récolte du miel sera incontestablement plus abondante.

Maintenant la question du nourrissement spéculatif.

III.

Nourrissement spéculatif.

On comprend qu'il y a une très grande différence entre une ruche abandonnée à elle-même, au sortir de l'hiver, et qui ne pourra produire qu'une ou deux générations de jeunes abeilles, et celle qui, avec l'aide du nourrissement *spéculatif*, pourra élever quatre ou cinq générations, ce qui produira une population énorme et décuplera les profits.

Ce que nous appelons *nourrissement spéculatif* diffère du nourrissement *obligatoire*, c'est-à-dire de celui qu'on sert pour entretenir la vie des abeilles. La nourriture *obligatoire* n'est autre que du miel ou du sirop qu'on donne froid et en grande quantité à la fois, tout d'un trait, si c'est possible. Le nourrissement *spéculatif*, au contraire, se donne tiède, par petites doses souvent répétées, en vue de stimuler l'ardeur des abeilles, et doit contenir des éléments qui concourent à la formation du pollen. — Or, la nourriture qui convient par excellence, c'est le lait ou les œufs. Un grand apiculteur allemand, E. Hilbert, a obtenu de ce genre de nourrissement des résultats tout à fait extraordinaires, tellement qu'il a pris le parti d'alimenter annuellement son vaste apier avec des centaines de litres de lait et un millier d'œufs, ce qui lui vaut une grande abondance de miel dans une contrée tout à fait défavorable aux abeilles.

Pour que le nourrissement au lait ou aux œufs réussisse, l'apiculteur allemand pose deux conditions : la première, qu'on ne nourrisse de la sorte que les populations assez fortes encore pour soigner leur couvain ; la seconde, que la colonie ait assez de miel en magasin, quand même on ne lui servirait pas le nourrissement spéculatif. Dans le cas contraire, il faudrait qu'on lui fournît, le plus rapidement possible, le minimum de la provision en lui donnant soit du miel, soit du sirop de sucre, auparavant.

Maintenant, comment préparer et servir la *nourriture spéculative ?* — Vous avez le choix entre le lait ou les œufs.

Nourrissement au lait. Faites bouillir une quantité de lait fraîchement tiré, suffisante pour le besoin de la journée, et ajoutez-y en même temps le sucre nécessaire pour le sucrage (je dis le sucre et non le miel, qui ferait cailler le lait). Mettez un bon demi-kilo de sucre (raffiné) pour un litre de lait, et, si vous en avez, ajoutez de l'acide salicylique, environ gros comme une fève pour un litre de lait. Cet acide empêche le lait de cailler et préserve des influences morbides. — Lorsque le lait est monté et le sucre bien fondu, on laisse refroidir, puis on enlève l'écume.

On commence par présenter la nourriture, peu à la fois, tous les deux ou trois jours, ensuite tous les jours, mais seulement quand les abeilles ne vont pas à la picorée. — La quantité de nourriture se règle d'après la force de la population : pour une population faible, il suffit, au commencement, d'une cuillerée ; mais, à une population forte, on peut donner cinq ou six fois plus.

Le nourrissement, soit au lait, soit aux œufs, n'excite pas le pillage ; le moment est donc au choix de l'apiculteur ; le soir est cependant le moment le plus convenable, surtout si on a affaire à une population faible qui ne saurait pas se défendre.

Nourrissement aux œufs. Ici il est indifférent qu'on sucre avec du miel ou du sucre. — On emploie un kilo de miel ou de sucre pour un demi-kilo d'œufs, *bien battus*, pour que le tout ne fasse qu'une masse. Il est bon aussi d'y ajouter un brin d'acide salicylique [1], comme préservatif contre la loque. A une puissante colonie on peut servir tous les deux jours une quantité de nourriture égale à deux œufs. Pour ce genre de nourrissement, je préfère au lait les œufs.

Mettez-vous donc au nourrissement spéculatif, vos populations au printemps seront énormément renforcées, et vous obtiendrez des résultats qui dépasseront vos espérances.

Quant au nourrissement *obligatoire*, c'est-à-dire celui qu'on donne pour complément de viatique, les premiers jours d'octobre, ou au retour du printemps, outre le miel, qui est la nourriture propre des abeilles, nous recommandons le sirop, moins coûteux que le miel et aussi avantageux, lorsqu'il est servi dans les conditions que nous avons indiquées à propos de la nourriture à servir aux abeilles.

Grandes ruches. Colonies bien peuplées , essaimage

---

1 L'acide salicylique se vend à raison de 2 fr. les 50 grammes, rue Bergère, 26. Il est en poudre ; on le dissout dans l'alcool, qu'on étend d'eau.

précoce. Si ces trois points sont admis comme principes fondamentaux d'une bonne apiculture, il s'ensuit, comme corollaire, que le logement de la colonie, devant fournir un espace suffisant pour le complet développement des travaux (rayons de cire, ponte de la mère et magasins de miel), doit être plutôt grand que trop petit.

Mais quelle doit être la capacité de la ruche ?

Si vos abeilles remplissent tellement leur habitation qu'il y ait interruption dans les travaux, si elles se répandent sur les parois de la ruche pour prendre l'air, si elles *barbent*, le logement est trop petit : il faut l'agrandir *au moyen de hausses ou calottes.*

La force d'une colonie est dans le nombre de ses habitants. — Donc il faut un logement qui en favorise l'accroissement. — Une ruche de petite capacité contient une quantité restreinte de rayons. Lorsque la reine a rempli d'œufs les alvéoles vides, elle s'arrête forcément. De là une perte irréparable de population, et pourtant il est reconnu que la mère, dans la bonne saison, peut donner mille, deux mille, trois mille œufs et plus par jour. — Puis, où emmagasiner le miel, si tout est pris par le couvain ?.... Or, des observations très précises constatent que l'espace réclamé par le couvain est de 24 litres ; celui nécessaire aux magasins de miel est d'égale contenance. — La grandeur du vaisseau devrait donc être de 48 litres, soit d'une seule pièce, soit calotte ou hausse comprise [1].

---

[1] Vignole, apiculteur de l'Aube, qui fait autorité, prétend que la capacité la plus restreinte ne saurait être moindre de 36 à 40 litres. Quant aux bonnes localités, il la veut de 48 à 50 et plus.

Contemplez ces belles ruches franc-comtoises d'aujour-d'hui, si artistement travaillées ! Elles sont en paille avec couverture en haut et sont plutôt basses que hautes. — Après en avoir admiré la façon, jetez un regard à l'inté-rieur.... Voyez comme ces rayons sont beaux et frais ! Quel doux parfum s'en exhale ! Comme le tablier est propre, et comme les abeilles bien groupées sont pleines de santé et de vigueur !

Pourquoi n'y a-t-il pas de moisissure ? Pourquoi les parois sont-elles sèches et la population vivace et nom-breuse ? — C'est qu'il y a assez de place, soit pour la ponte de la reine, soit pour les magasins de miel, et as-sez d'air pour l'assainissement de la ruche.

N'ayez donc pas de ruches trop petites. J'entends par ruches trop petites celles dont la capacité (ruche et ca-lotte ou hausses comprises) serait moindre de 35 à 40 litres, et de 40 à 50 litres, si la contrée est mellifère.

Si les ruches de 30 à 35 litres essaiment peu, les ru-ches de moindre capacité essaiment beaucoup trop. — Laissez, en octobre, aux premières une dizaine de kilo-grammes de provisions, et vous verrez les beaux essaims qu'elles vous donneront !

Nous avons fait l'essai de ruches hautes et de toute dimension, mais nous n'avons été parfaitement content que des ruches aux dimensions qui suivent : 39 centi-mètres de diamètre dans œuvre sur 22 à 27 de hauteur. — Le diamètre de ces ruches étant le même (39) con-tiendra 10 gâteaux parallèles, et vous aurez toute facilité pour les diverses opérations apicoles. Si la contrée est peu mellifère, vous pourrez restreindre encore la hauteur

de vos ruches (soit, par exemple, 20 centimètres). La calotte sera plutôt petite que grande (5 à 8 litres), sauf à la
remplacer lorsqu'elle sera pleine et à en mettre une autre.

J'ai parlé quelque part de la grande ruche des paresseux, de 45 à 50 centimètres de diamètre et plus, avec
24 environ de hauteur, et jaugeant de 40 à 55 litres. —
C'est la ruche franc-comtoise, plutôt basse que trop haute.
Avec de très fortes populations, dans les années abondantes, cette ruche produira des merveilles.

On se plaint que la couverture des ruches en plein air
avec paillassons est d'un entretien difficile. On peut très
bien, pour *surtout*, se contenter tout bonnement d'une
feuille en zinc qu'on maintient sur la ruche au moyen
d'une lave ou d'une pierre assez lourde. Ce surtout est,
bien certainement, de tous le plus simple et le plus facile
à surveiller.

En avant de la porte, ou trou de vol, entre la ruche
et le tablier, il est bon de placer en hiver une petite
feuille de zinc ou simplement une tuile, pour préserver la ruche des rayons du soleil, et aussi lorsqu'il est
utile de dissimuler l'entrée des abeilles. — Cette petite
attention est souvent d'un grand profit.

IV.

Apiculture pastorale. Derniers conseils. Adieu.

Dans le cours de mon ouvrage, je n'ai pas parlé de l'a-
piculture pastorale, ou nomade, qui consiste à faire voya-

ger les abeilles d'une contrée à une autre, selon les richesses de la flore locale. *Faire voyager les abeilles*, c'est là une affaire de sagesse et de prudence. Il importe surtout d'observer bien deux choses : voyager seulement la nuit, et éviter les cahots et autres accidents qui pourraient briser les rayons de miel.

Notre Franche-Comté possède une flore si riche que l'apiculture pastorale y est à peine connue. En effet, presque sur toute l'étendue de son sol les fleurs sont abondantes et se succèdent tout l'été. Quoi de plus verdoyant que nos vallées de la Saône, de l'Ognon [1], de la Lanterne, du Salon, du Drugeon, etc., etc. ; que les bords escarpés mais toujours verts du Doubs, de la Loue, etc., et nos plateaux si riches du Jura, de la Chaux-d'Arlier, et les bois qui les couronnent ; — nos montagnes toujours vertes des Vosges, de Maîche, du mont d'Or, tout ce qu'on apelle le mont Jura ? — La Franche-Comté, surtout depuis que ses intelligents cultivateurs marchent dans la voie du progrès en multipliant les engrais, en se-

---

[1] A propos des bords de l'Ognon, on voudra bien me permettre la note qui suit : Dans le 3e chapitre du *Livre des Abeilles*, j'ai parlé d'une excursion que j'avais faite à Montbozon, petit bourg sur les bords de l'Ognon, que j'avais décrit comme un pays aux riches prairies, aux bosquets verdoyants, mais où j'avais trouvé l'apiculture dans un état si déplorable que, des trois apiers que j'avais visités, une seule colonie était encore vivante. Un des ruchers appartenait au presbytère. — C'est mon digne prédécesseur et cousin, l'abbé Laurent, qui m'avait répondu : Les abeilles ne prospèrent pas à Montbozon. Qu'on vienne voir maintenant, même après l'invasion prussienne qui s'est acharnée contre nos pauvres abeilles ! — Ah ! si les âmes, même dans l'excellente paroisse de Montbozon, étaient aussi faciles à gouverner que les abeilles !

mant largement l'esparcette, la luzerne, le sarrasin, peut le disputer aux contrées les plus favorisées. — Mais ce que personne ne lui disputera, c'est la qualité de sa cire et de ses miels. Oui, sa cire est digne de composer ce cierge pascal chanté par le *præconium* de Pâques, noble débris de la musique des anciens, ce cierge, image du Sauveur ressuscité, dont *le feu rutilant se divise, se partage, mais sans perte ni diminution pour lui-même, car il est nourri par les cires fondantes dont la mère abeille a fait sortir d'elle-même la substance pour ce flambeau sacré* [1].

Et notre miel de Franche-Comté, celui de nos montagnes surtout, d'un arome si exquis, que n'aurions-nous pas à en dire ? — Un peu de miel ranima Jonathas mourant de faim après un glorieux combat : aussitôt qu'il en eut goûté, dit l'Ecriture sainte, ses yeux furent illuminés. Le miel était l'aliment de Jean-Baptiste dans le désert. Jésus lui-même, après sa résurrection, mangea d'un rayon de miel ! Nobles abeilles qui le composèrent pour le Sauveur, votre race est bénie entre toutes !

« Le miel, celui de la Franche-Comté surtout, dit un médecin célèbre, est un produit alimentaire précieux pour toutes les classes de la société : les enfants, comme les adultes, le mangent sur du pain ; c'est une nourriture souverainement hygiénique, son arome flatte délicieusement le palais, son suc aide à la digestion, l'estomac semble se complaire à son approche, les glandes sa-

---

[1] « Alitur enim liquentibus ceris quas in substantiam pretiosæ hujus lampadis apis mater eduxit. » (Præcon. Pasch.)

livaires deviennent plus humides à sa fraîcheur : il est l'aliment privilégié des tempéraments fiévreux. — Mieux que le sucre, il convient au malade ; il rend les tisanes plus parfumées, plus légères et plus en rapport avec un état inflammatoire. Virgile emploie une charmante épithète, il dit : le « miel aérien, » ce qui signifie : léger suc provenant des abeilles. — Quelle médication plus propice pour combattre les fièvres viscérales ? Les inflammations de la vessie, de l'estomac, de la poitrine, sont rapidement modifiées par son emploi. Je suis convaincu, ajoute notre docteur, que le miel n'est pas encore assez utilisé. La Providence nous marque qu'en créant de toutes parts des millions de fleurs, et en façonnant l'abeille, cette charmante ouvrière, pour extraire le miel de la fleur, elle a voulu que nous en fissions un plus fréquent usage. »

J'ajoute une recommandation à laquelle j'attache un grand prix : vous aimez l'apiculture ; favorisez-la donc, et hâtez-en le développement autour de vous par votre zèle à propager la culture des plantes mellifères. — Sans doute, vous ne laissez pas incultes les plates-bandes de vos jardins. Ayez soin aussi de les encadrer, le long des allées, de semis de fleurs odorantes, mais jamais de fleurs *doubles*, qui sont des monstres dans la nature, puisqu'elles ne portent point de semence et sont inutiles aux abeilles : — la bourrache, oui, surtout la bourrache, où l'abeille butine perpétuellement, les violettes, la menthe, les arabis printaniers, les soucis, le thym, le serpolet, la lavande, le romarin, la mauve, les giroflées, etc. Propagez les arbrisseaux à fruit, comme le framboisier, le groseillier, les pommiers nains, les poiriers, les saules-marsaults, les noisetiers, etc. Chérissez les allées de tilleuls, d'érables, de peupliers ; aimez dans votre verger l'ombrage des cerisiers, des pruniers, des pommiers, qui, n'interceptant pas complètement les rayons du soleil, n'empêchent pas la production autour d'eux. — Recommandez aux fermiers tout autour de vous le colza, la navette, les trèfles blanc, incarnat, la luzerne, mais surtout le sainfoin ou esparcette, qui suinte un lait et un miel exquis, oui, le sainfoin, qui enrichira vos laboureurs et donnera à vos abeilles des ruisseaux de miel. — Si vous brûlez du feu sacré, vous ferez davantage : dans vos promenades, vos poches seront toujours pleines de graines d'esparcette que vous sèmerez le long des sentiers incultes, — ainsi que le faisait en ces derniers temps un grand médecin de Montbozon, le docteur Coillot, devenu, à l'âge de soixante-seize ans un apiculteur des plus enthousiastes. Comme le bon exemple est contagieux aussi, on voudra vous imiter : alors vous verrez la campagne changer d'aspect et l'aisance remplacer la misère.

O fortunatos nimiùm sua si bona nôrint, Virgile dit : *agricolas* : j'ajoute, moi, *apicolas*, — car *agriculteurs* et *apiculteurs*, c'est toujours la même chose. Ces gens sont de la famille d'Abel, les *ruraux*, comme disent aucuns des grandes villes. — Trop heureux donc les *ruraux !* oui : *sua si bona nôrint,* s'ils voulaient reconnaître le Dieu qui leur répartit tant de bienfaits.

———

Au moment de prendre congé de l'ami lecteur, je le prie de me permettre encore quelques conseils, dussé-je me répéter.

Donnez une bonne organisation à votre rucher; ayez bien soin que tout soit à sa place en vue d'économiser le temps : *time is money*, disent les Anglais, le temps est de l'argent. — Ruches, tabliers, calottes, hausses, camail protecteur, enfumoir, bourrelets pour calfeutrer les ruches, spatule pour les décoller, etc., il faut que tout soit bien là sous la main.

L'apiculteur soigneux aura aussi son agenda, ou petit journal, qui prendra note de tout. Les ruches porteront leur numéro d'ordre, où tout sera inscrit, date de naissance de la reine, jour de la mise en ruche de la colonie, poids trouvé aux différents pesages, etc., en un mot, tout sera noté sur la carte fixée, au moyen d'un petit clou, au dos de la ruche.

Avec cet ordre parfait, rien n'est livré au hasard, et on ne saurait dire quel avantage en résultera pour l'apiculteur, qui se rendra ainsi compte de tout.

Aujourd'hui que le phylloxera et les mauvaises récoltes rendent le vin rare et cher, il est avantageux de fabriquer des boissons saines et agréables, à un prix modique. — Le miel vous servira parfaitement.

A l'eau, vous ajoutez un miel *très pur*, débarrassé de tout fragment de pollen, qui donnerait un mauvais goût à l'hydromel. — Vous laissez fermenter un mois ou deux, selon la température ; mais si vous ajoutez des fruits à l'eau miellée, la fermentation est plus accélérée, et quinze jours suffisent. — Pour lui donner la couleur du vin, on peut employer des cerises noires.

L'hydromel se fait à froid et n'en est que meilleur.

On peut employer toutes sortes de fruits, tels que groseilles, cerises aigres ou douces, poires, pommes vertes ou sèches, prunes, prunelles, raisin ou marc de raisin. Tout cela accélère la fermentation et fait clarifier la liqueur, parce que les fruits contiennent des principes acides qui manquent au miel.

Cet hydromel peut se boire aussitôt que la fermentation est achevée et qu'il est clarifié. Mais quand il est vieux et qu'on l'a soutiré, c'est un très bon vin qui enivrerait si on en faisait excès.

Nous avons indiqué quelques remèdes contre les piqûres ; ils ne sont guère pratiqués que par les débutants. L'inoculation du venin et l'habitude sont les meilleurs préservatifs. — On finit, après une très légère douleur, par être vacciné et insensible.

Les piqûres de l'abeille effraient et éloignent d'elles bien des gens qui, sans cela, seraient apiphiles. Disons que si l'abeille était privée de son aiguillon, il y a longtemps que la race n'en existerait plus. En effet, qui défendrait leurs riches magasins contre tant de pirates avides de pillage ?.... D'un autre côté, la gent mellifère a en soi, dans ses mœurs, ses habitudes, son admirable intelligence, l'organisation de son état social, ses utiles travaux, dans toute sa manière d'être en un mot, quelque chose de si attrayant, que chacun voudrait être apiculteur. On manipulerait tant et tant la pauvre créature, on en userait et abuserait tant, qu'on la réduirait bientôt à l'état de mythe. La Providence y a pourvu en lui donnant une arme *défensive*, qui fait qu'on n'approche d'elle qu'avec un religieux respect. — Ne me troublez pas, semble dire la mouche bénie, je suis l'ouvrière du Seigneur. Je prépare l'aliment de la lumière de son sanctuaire et vos plus exquis desserts.

Quand on veut manipuler l'abeille, il y a donc quelques précautions à prendre.

L'abeille n'est pas agressive, mais il est prudent d'éviter tout ce qui peut provoquer sa défiance. Quand on a quelque opération à faire, il faut approcher doucement et éviter les gestes brusques, qui irritent les abeilles. Quelques bouffées de fumée projetées à propos suffisent pour refouler les gardiennes et établir le calme dont on a besoin. Quand on sait l'employer convenablement, il faut peu de fumée pour maîtriser les abeilles. Quelques jets se succédant à propos et portant bien sur les groupes suffisent pour les mettre en état de bruissement, tandis qu'elles résistent parfois à des nuages qui, ne les atteignant qu'imparfaitement, ou qui, les surprenant brusquement, leur coupent la retraite et ne leur donnent pas le temps d'aviser ; elles tombent alors sur l'opérateur maladroit.

Il n'est guère nécessaire de les mettre en bruissement que pour les grandes opérations. S'il s'agit d'une simple visite d'inspection, il suffit d'un petit jet. Les praticiens un peu habiles font presque toutes ces opérations sans fumée et se contentent d'un cigare ; mais il faut un certain tact et une grande habitude. L'expérience et le savoir-faire servent de guide en cela, et ceux qui commencent doivent bien se garder de négliger la fumée. — S'il s'agit de réunir, on enfume jusqu'au bruissement ; si l'on veut transvaser ou agrandir par le bas, il suffit de refouler un peu les gardiennes ; si c'est une calotte à mettre ou à ôter par le haut, on jette un peu de fumée autour de la ruche afin de prévenir l'irritation. Cette dernière opération se fait le plus souvent sans fumigateur.

Avec les ruches et les méthodes que nous avons préconisées, les opérations apicoles deviendront plus rares, très rares, et tout ira bien par soi-même. *Peu de temps à dépenser, beaucoup de profits à recueillir*, ce sera là la solution du problème apicole, mais à une condition, bien-aimé lecteur, c'est que vous irez souvent visiter votre apier pour y puiser des leçons de labeur et de patience. Le temps est court, vous crieront vos ardentes ouvrières : *Tempus breve est.* Comme nous, hâtez-vous, ne perdez pas un moment : *Euge, serve bone et fidelis !* Oui, ce profit du temps ne sera pas le moindre de ceux que vous aurez à recueillir de la culture des abeilles.

J'ai osé employer l'expression de *bien-aimé lecteur ;* c'est un peu hardi de ma part. Mais j'ai reçu tant et tant de marques de sympathie de ceux qui ont bien voulu lire le *Livre des Abeilles*, tant de lettres qui m'ont profondément touché, que je ne saurais clore ces annotations sans y joindre l'expression de ma gratitude la mieux sentie pour ces amis éloignés que je porte dans mon cœur et auxquels je donne rendez-vous dans notre centre commun, Dieu, auquel doivent aboutir tous les rayons de la circonférence, en redisant sans cesse : *Benedicite, omnia opera Domini, Domino.*

NOTES

Pour donner une idée plus complète de la pratique apicole,
nous avons cru utile d'indiquer ici la manière d'opérer de
quelques-uns de nos apiculteurs déjà cités, qui à une connaissance approfondie joignent une longue et intelligente
pratique.

NOTE I.

M. l'abbé Bailly, de Domprel, est un praticien émérite, qui
fait autorité dans nos montagnes ; aussi ai-je pris plaisir à le
citer souvent. Tout autour de lui l'apiculture est en honneur,
parce qu'il est heureux de faire part de ses procédés, fruits
d'une longue expérience et de judicieuses observations. Il a
su communiquer le *feu sacré* à ses confrères, ses voisins, qui
tous, à deux ou trois lieues à la ronde (excepté un seul qui a
peur des abeilles), soignent de beaux ruchers.

Sa méthode, qui est des plus simples, lui procure, avec peu
de travail, de très honnêtes bénéfices. Nous avons suffisamment décrit ses procédés dans le cours de ce Manuel pour
n'avoir pas à y revenir.

M. Fidèle Page, près de Jougne, l'un de ses disciples,
aussi habile que modeste, pratique en grand l'apiculture pastorale par les voyages qu'il fait faire à ses abeilles. Il possède,
sans nul doute, un des plus beaux apiers qu'on puisse rencontrer. Il se compose de 100 à 150 ruches ; il est situé sur
les hauteurs du Suchet, montagne qui sépare la France de la

Suisse. Aussi le miel qu'y butinent les abeilles est-il d'un arome exquis, et supérieur peut-être à ce que les anciens nous apprennent des miels du mont Hymète.

La ruche que préfère notre apiculteur est celle en paille, avec ouverture un peu large au-dessus, pour que les abeilles montent plus facilement dans la calotte. Sa ruche a 40 cent. environ de diamètre et 20 de hauteur. C'est dans le tablier qu'il pratique l'ouverture pour la sortie des abeilles, ce qui lui donne la facilité de tourner la ruche en tous sens, selon que c'est avantageux. — Pour n'avoir pas à surveiller ses colonies disséminées en différents endroits, il fait lui-même ses essaims. Il regarde ce procédé comme avantageux lorsqu'on en use avec prudence, en ne faisant essaimer que de fortes peuplades. Son avis est qu'on peut ainsi *avancer* ses essaims de 5 à 10 jours.

Quant à la manière de donner la nourriture aux abeilles, il a tout essayé, mais ce qui lui a réussi le mieux, c'est de servir, au coucher du soleil, la ration déposée dans une boîte à rebord court, à l'entrée de la ruche ; ou encore, sur le haut, une boîte semblable, à fond de tôle métallique, avec mousseline pour obvier à l'écoulement trop rapide.

Quand vient l'automne, M. Page visite soigneusement toutes ses ruches, et s'assure bien s'il ne s'en exhale pas de mauvaise odeur, et si la reine y est encore. S'il trouve dans la ruche de faux couvains (ce qu'il appelle de gros boutons ou couvain de bourdons), c'est une preuve certaine que la reine manque ; alors il détruit toute la ruche, car, la reine présente, tout est propre, sans mauvaise odeur, sans nulle trace de faux couvain, et partant tout marche en ordre.

A l'entrée de l'hiver, il *remise* ses paniers dans une vaste chambre bien aérée. Les fenêtres sont condamnées pour que le jour ne pénètre pas, car les ruches sont décollées afin que les abeilles soient libres, et si elles voyaient le jour, il n'en resterait point dans la ruche. — Il se méfie surtout de la *moisissure*, la plus grande cause de destruction qu'il connaisse.

Au mois de mars, notre apiculteur conduit ses abeilles en Suisse, dans ce qu'il appelle le bon pays (canton de Vaud, Orbe), et comme la saison est *en avance* de 5 à 6 semaines avec la montagne, il les y laisse pendant toute la saison des fleurs. Lorsque celles-ci commencent à passer dans la plaine, c'est le tour de celles de la montagne (milieu de juin) ; alors il les ramène au Suchet, où elles recueillent un miel délectable.

NOTE II.

M. le général de Mirbeck, au château de Pusy, près de Vesoul, a mérité les plus grands éloges pour son zèle apicole.

Quoique sa manière différât de la mienne en quelques points de détails, et notamment sur la question de la meilleure ruche, je crois faire une œuvre utile en transcrivant ici quelques passages des lettres qu'a bien voulu m'adresser, de la part de la Société d'agriculture de la Haute-Saône, cet excellent apiculteur, nouveau Cincinnatus, qui a occupé ses loisirs d'une manière non moins utile à la campagne que sur les champs de bataille [1].

Après avoir signalé les principaux points sur lesquels nous sommes d'accord, M. de Mirbeck continue : « Maintenant, qu'il me soit permis, Monsieur, de dire en quoi je diffère de votre manière de voir sur la meilleure forme à donner aux ruches.

» Je dis, comme vous, que la meilleure ruche est celle qui est entre les mains de l'apiculteur le plus habile, et, sans doute, un bon ouvrier tire parti d'un outil médiocre, tandis que l'ignorant ne sait rien faire de l'instrument le mieux conditionné, comme vous dites très judicieusement. — J'ajoute que ce bon ouvrier, s'il a de bons outils, ne fera que des chefs-d'œuvre.

---

[1] La correspondance que je transcris ici a été lue en séance publique à la Société d'agriculture de la Haute-Saône, et l'impression en a été votée à l'unanimité.

» J'ai vu des ruches de toutes formes et de matières variées, en terre cuite, en bois, en paille, en liège, en osier, des ruches rondes, carrées, cylindriques, coniques, et dans toutes on faisait faire du miel en plus ou moins grande quantité, et plus ou moins bien.

» En Pologne, j'ai vu des troncs d'arbre creusés; en Silésie, des paniers en osier, forme conique, enduits de pourget; en Allemagne, en planchettes; en Espagne, en terre cuite et posées dans des niches pratiquées dans une muraille de jardin exposée au nord, et plus souvent en liège, dont deux bandes formaient parenthèses, réunies par leurs bords avec des chevilles. — J'ai apporté d'Espagne une de ces ruches à mon père. En Afrique, elles sont aussi en liège. On dénude un petit arbre de son écorce, en un seul morceau d'un mètre à peu près de longueur, de 12 à 15 centimètres de diamètre; on redonne à l'écorce la forme du tronc; on la lie de deux à trois liens, on ferme avec des morceaux de liége taillés *ad hoc* les deux bouts, à l'un desquels on ménage une entrée pour les abeilles, puis une cinquantaine sont posées, absolument comme les bûches d'une corde de bois à brûler, les unes sur les autres. — Vous voyez ici l'enfance de l'art. Avec cela les Arabes recueillent du miel, mais combien n'en recueilleraient-ils pas davantage s'ils avaient un mode de culture mieux entendu ?

» Je dis que si avec toutes ces ruches un apiculteur intelligent peut faire produire du miel à ses abeilles, il en est cependant qui sont préférables aux autres.

» A mon avis, avant tout, il faut employer les ruches articulées, c'est-à-dire à hausses, soit en bois, soit en paille.

» Celles en bois blanc, sapin (ou mieux, comme plus léger, en tremble ou peuplier), coûtent un peu plus que celles en paille, mais elles durent plus longtemps, sont aussi chaudes, plus propres, et n'offrent pas de refuge aux fausses teignes. Le temps est du miel pour les abeilles; elles en gagnent beaucoup en n'étant pas obligées à enduire de propolis les ruches en bois comme celles en paille.

» J'ai vu comme vous, Monsieur, que la forme ronde vaut mieux que la forme carrée ; aussi mes ruches approchent de cette forme. Elles sont octogones à l'intérieur, et carrées en dehors (voir fig. 10) ; chaque case ou hausse a 20 centimètres de long (dans œuvre), 22 de large et 20 de hauteur. Huit baguettes posées au-dessus et à fleur de chaque hausse sont établies pour isoler les rayons de chaque hausse et diriger le travail des abeilles.

» Avec ma ruche articulée, je proportionne la demeure à la force de l'essaim, j'empêche les abeilles de *barber*, ce qu'elles ne font que quand leur demeure est trop petite pour contenir la population accrue, alors forcément oisive. — Je récolte le miel par le haut, et je suis certain de ne pas enlever de couvain ; enfin, par la séparation des cases, je fais mes essaims artificiels avec la plus grande facilité. Bien plus, la mère et l'essaim ont tout ensemble couvain et miel, et s'il survient une série de mauvais jours, mes abeilles ne sont pas exposées à jeter le couvain faute de vivres, ou à périr elles-mêmes de faim. . . . .

» Je prône ma ruche... ; qu'on m'en montre une plus commode, plus avantageuse, et je l'adopte.

» Disons avec Sénèque :

» *Multùm fecerunt qui antè nos fuerunt, sed non peregerunt; multùm adhùc restat operis, multùmque restabit* [1].

» Mettons, comme vous dites, Monsieur le curé, notre grain de sable dans l'œuvre, et tâchons de bien faire connaître l'abeille Quand on la connaîtra, on la cultivera bien, soit avec vos ruches, soit avec les miennes, soit avec toute autre.

» Tous ceux qui connaissent les abeilles les aiment et sont toujours à la recherche de ce qui peut leur être avantageux, tout en cherchant à être avantageux à eux-mêmes. »

A cette lettre de M. le général de Mirbeck je faisais la ré-

[1] Ils ont beaucoup fait ceux qui ont été avant nous, mais ils n'ont pas tout fait ; il reste et restera toujours beaucoup à faire.

ponse dont je vais transcrire quelques passages pour édifier complètement le lecteur sur l'objet en litige, et l'aider à fixer son choix sur la meilleure ruche.

Après quelques mots sur ce qu'il y avait de trop flatteur à mon adresse dans la lettre du général, je le remerciais de ne pas dédaigner d'admettre un humble curé de campagne à briser une lance avec un illustre guerrier, mais dans un champ clos tout pacifique, où nos témoins, tous amis, auraient à contempler d'un œil sympathique une lutte qui ne laisserait de regrets à personne, et pourrait être utile à tous.

Je continuais : « Votre avis, mon Général, est qu'il faut, *avant tout,* employer les ruches articulées, c'est-à-dire à hausses, soit en bois, soit en paille, dont vous voulez bien me donner la description. »

Ici, j'entrais dans quelques détails (inutiles à rappeler) sur les mille inconvénients des ruches articulées, soit en paille, soit, surtout, en bois, trop lourdes, très difficiles à manier, carrées en dehors, octogones à l'intérieur, composées de pièces innombrables, sujettes à se déranger, offrant prise aux fissures à la teigne, etc. J'ajoutais que pour toutes ces raisons, je préférais la ruche à calotte en paille, qui se prêtait parfaitement à toutes les opérations apicoles, puis je continuais :

« Je vous ai dit franchement mon avis, mon Général, sur ce que je regarde comme la vraie ruche, la ruche populaire, celle qu'on construit en vue d'obtenir des bénéfices réels par la culture des abeilles. Je suis loin de condamner pourtant la ruche articulée octogone. Elle doit très bien *faire* dans les parcs des châteaux, où les soins ne lui manqueront pas. Elle ornera aussi très bien un abeiller par sa taille élancée. C'est la ruche aristocratique, et je ne doute pas, mon Général, que, exploitées d'après vos indications, vos abeilles ne s'y trouvent très bien et ne vous témoignent leur reconnaissance de leurs somptueux appartements par d'abondants ruisseaux de miel.

» Je dois ajouter, pour être juste, que je regarde votre

ruche octogone comme bien supérieure aux ruches carrées. Votre invention, que je vous remercie de m'avoir fait connaître, est un pas heureux que vous avez fait faire aux ruches en bois. Néanmoins, si mes raisons en faveur de la ruche à calotte comme je l'ai décrite vous paraissent de quelque poids et méritent le suffrage d'un apiculteur aussi distingué que vous l'êtes, mon Général, je m'applaudirai d'avoir fait la plus noble conquête apicole que j'aie pu jamais ambitionner.

» C'est dans ces sentiments, etc. »

Ma correspondance ne devait pas finir là. M. le Général ayant eu la courtoisie de me faire présent du *Questionneur* et des *Nouvelles Observations,* deux ouvrages sur l'apiculture de M. de Mirbeck, son père, ancien capitaine des gardes du corps, et, à cette occasion, m'ayant fait valoir de nouvelles considérations en faveur de la ruche octogone, je lui adressai la réponse suivante :

« Mon Général, vous avez eu l'extrême bonté de remettre à un jeune militaire de Voray, pour m'en faire part, les *Nouvelles Observations sur les abeilles.* J'avais déjà lu avec un vif intérêt le *Questionneur.* Les *Observations,* qui sont la suite de cet opuscule, ont redoublé ma curiosité.... Je les ai lues et relues, et l'impression qui m'est restée est que M. de Mirbeck, votre père, était un grand observateur, qui a bien mérité de l'apiculture, et a fait faire un grand pas à la science.

» Combien de vérités pratiques, d'utiles découvertes données aujourd'hui comme des inventions récentes, et déjà recommandées par lui. Malheureusement, comme il le dit, je crois, en un endroit, on prêche dans le désert, en fait d'apiculture comme en bien d'autres choses.

» J'aime aussi à le voir s'élever contre l'étouffage, recommander les réunions par le moyen du bruissement ou l'emploi de la vesse-de-loup; l'entendre nous dire qu'il peut faire de ses abeilles ce qu'il veut, un manchon, de la barbe, un bonnet de nuit. En effet, un apiculteur habile fait de ses abeilles ce qu'il veut, comme l'arboriculteur de son arbre.

» Ce qui m'a surtout frappé dans ses *Nouvelles Observations*, c'est l'insistance de l'auteur à recommander la *coupe de la cire au printemps*. Je ne sais, mais il y a matière à discussion. Je comprends que, faite avec intelligence et avant la grande ponte de la reine, elle peut être avantageuse sous plusieurs points de vue.

» Vos observations manuscrites, jour par jour, sur le poids de deux colonies réunies en une seule famille, m'ont beaucoup intéressé. J'ai regretté seulement d'arriver trop tôt à la fin du cahier. Je crois, mon Général, que vous ferez une œuvre utile en publiant un petit traité sur la matière. Vous êtes si riche des observations de M. votre père, qui, jointes aux vôtres et fondues en un nouvel ouvrage, nécessairement curieux, quel que soit le point de vue où vous vous placiez, aideront à faire sortir l'apiculture de l'ornière où elle est encore chez nous. Pour moi, je suis heureux d'y apporter mon petit grain de sable.

» Votre dernière lettre est une éloquente apologie de la ruche articulée octogone; d'où je conclus que je n'ai pas eu le bonheur de vous amener à partager ma manière de voir sur la ruche à calotte. De mon côté, vos raisons en faveur de la ruche octogone, toutes spécieuses qu'elles sont, me laissent, je dois l'avouer, dans mon obstination première. Vous me permettrez donc de continuer à regarder la ruche à calotte comme celle de l'apiculteur qui veut, avec le moins de dépense et de peine, réaliser de beaux bénéfices. La ruche articulée, au contraire, sera celle de l'apiphile qui fait de l'apiculture par pur amour des abeilles, sans se préoccuper de la peine ni de la dépense.

» Quoi qu'il en soit, mon Général, je vous salue comme mon maître en apiculture, et je vous félicite de consacrer quelques loisirs de votre honorable retraite à l'étude de l'admirable insecte à qui le Créateur a départi tant d'intelligence : *esse apibus partem divinæ mentis*, disait déjà Virgile, et dont le travail fournit à nos tables les desserts les plus exquis, à nos autels l'aliment de SA FLAMME LA PLUS PURE, ET NOUS

STIMULE TOUS, PAR SON DÉVOUEMENT A LA CHOSE PUBLIQUE, SON INCESSANTE ACTIVITÉ ET SES LABEURS INFATIGABLES, A CONSACRER TOUS LES INSTANTS DE NOTRE EXISTENCE AU SERVICE DE DIEU ET DE LA PATRIE.

» Je vous prie d'agréer, etc. »

NOTE III.

I.

Un apiphile par nature, épris d'admiration pour le travail des abeilles, possédait sans profit quatre ou cinq paniers, disons mieux, quatre ou cinq *balles* d'abeilles ; il était à la recherche d'un manuel d'apiculture, et le cherchait en vain dans les librairies de Toulouse. En furetant la bibliothèque d'un de ses amis, l'abbé Prunet, c'est lui-même qui nous raconte son odyssée, met la main sur le *Livre des Abeilles :* il le prend, le lit, le dévore, et le voilà apiculteur.... Ses premiers essais sont faits, tout lui réussit à merveille.... Il communique le feu sacré à quelques amis intimes. Les Teysseyre, les Dasque de Saint-Caprais, les Lambic de Larra, deviennent ses émules, et voilà que surgit dans le midi de la France une pléiade d'apiculteurs qui, sous l'habile et généreuse impulsion de M. l'abbé Prunet de Saint-Rustice, vont faire fleurir la culture des abeilles dans des contrées où cette précieuse industrie était à peu près inconnue.

« Vous avez mis le feu dans notre terre, veut bien m'écrire M. Teysseyre, directeur du petit séminaire de Toulouse (*Ignem...*), et nous voulons qu'il soit allumé : lettre et livres, tout est arrivé. La plupart de nos étudiants ne comprendront pas encore vos préceptes apicoles, mais certains parents en pourront faire leur profit. Par votre livre passé de main en main, vous avez apiphilé plusieurs de mes amis. L'abbé Prunet, plein de zèle, a déjà huit colonies ; les autres commencent ; la confrérie s'accroîtra, et vous serez le grand maître de l'ordre : *That is right,* etc. »

C'est maintenant M. Prunet qui va nous donner sa manière de faire et nous dire ses succès :

Dès 1882, nous écrit-il, mes ruches ne sont plus longues et étroites, mais larges et basses. Aussi, lorsque arriva le printemps de 1883, mes huit colonies prospérèrent si bien, qu'elles donnèrent en *trois périodes plus de trente-six essaims* ou essaims d'essaims. Ceux faibles ou tardifs furent réunis, et à la fin de la saison j'avais vingt-six peuplades fortes et bien pourvues de provisions.

Dans une seule année, j'étais donc monté de huit à vingt-six. Tout avait réussi à souhait.

Voici, sans aucune exagération, le revenu de ces huit ruches pendant l'année 1883 :

40 kilos de miel à 1 fr. 50,	60 fr.	»
3 kilos de cire à 3 fr. 20,	9	60
18 ruchées nouvelles ayant en moyenne chacune au moins 10 kilos de miel, c'est-à-dire 180 kilos à 1 fr. 50,	270	»
Valeur de chacune de ces 18 colonies, au moins 8 fr. l'une,	144	»
(Je ne les donnerais pas pour 25 fr. l'une.)		
Total du produit de ces huit ruchées,	483 fr.	60

C'est donc plus de 60 fr. par colonie.

Sans doute l'année 1884 n'a pas été bonne; tant s'en faut. Aussi le chiffre des produits de 1884 n'atteint-il pas celui de 1883 :

Miel récolté : 90 kilos à 1 fr. 50,	135 fr.	»
9 kilos cire à 3 fr. 20,	28	80
10 nouvelles colonies, ayant en moyenne 8 kilos : 80 kilos à 1 fr. 50,	120	»
10 colonies à 8 fr. l'une,	80	»
Total pour l'année 1884,	363 fr.	80

Ce n'est donc que 363 fr. qu'il faut estimer le produit de mes vingt-cinq colonies, c'est-à-dire environ 14 fr. pour chacune.

Pour être juste, je dois dire que la région que j'habite dispose de ressources mellifères peu communes. Du 1er février (année ordinaire), les abeilles peuvent butiner jusqu'au 15 octobre.... Grande quantité d'arbres fruitiers où domine l'amandier, dont la floraison dure près de deux mois.... cerisiers, pommiers, quelques colzas ; puis viennent les sainfoins, les sénevés qui entourent les maisons, les bords du canal de la Garonne, ainsi que les prairies et encore les luzernes à quatre coupes, où les abeilles butinent pendant deux mois, parce qu'on ne les fauche que successivement ; enfin viennent les bruyères sur les collines voisines et quelques corbeilles de chasselas, etc. » — Cette année, le tremble a donné de la miellée jusqu'à la fin de septembre. Hier au soir, le bruissement était assez fort, mais aujourd'hui, le mouvement a cessé sous l'influence d'un fort vent du nord, ce grand ennemi des apiculteurs. — Ces jours derniers, des abeilles surprises par une subite averse allaient périr de froid ; je les ai réchauffées dans ma chambre, où elles ont passé la nuit ; et le lendemain, après un déjeuner qu'elles ont accepté avec reconnaissance, je les ai congédiées ; elles se sont envolées joyeuses vers leur demeure.... — Comme le lépreux de Samarie, elles sont revenues plusieurs fois me témoigner leur gratitude.

Du reste, il faut le dire, quelle que soit la région apicole habitée, si l'on veut faire quelque profit, il est nécessaire d'abandonner la vieille routine. La ruche doit être commode pour les abeilles et pour les opérations. La ruche haute et étroite n'a aucune de ces deux qualités. Confectionnant moi-même mon matériel apicole, j'ai pu, sans grands frais, faire des essais qui auraient été fort coûteux pour d'autres. J'ai des ruches carrées, des ruches rondes en paille, des ruches octogones en bois de peuplier, mais toutes basses, de vingt-cinq à trente centimètres de haut sur trente-cinq à quarante de diamètre, où les abeilles se trouvent très bien. La paille est le meilleur abri pour les abeilles, mais cette matière se détériore rapidement si elle n'est pas bien abritée. Aussi, la ruche octogone de vingt-cinq centimètres de haut, sur trente-neuf ou quarante de diamètre, avec fenêtres et ouverture pour donner de l'air, a-t-elle ma prédilection. Sa forme, presque ronde, concentre mieux la chaleur que la ruche carrée. (Voir fig. 10, en supprimant les quatre coins de la figure, pour rendre la ruche octogone.) Ses quatre panneaux vitrés permettent de suivre quotidiennement les travaux des abeilles; des volets mobiles empêchent la lumière de pénétrer dans la ruche. Au milieu du couvercle se trouve une ouverture ronde de quatorze centimètres de diamètre, en travers de laquelle se met un petit liteau servant à soutenir le rayon indicateur. Cette ouverture permet de faire facilement les réunions, les superpositions et le placement des chapiteaux. (Voir fig. 26 et 27, ruche octogone, avec son chapiteau.)

Cette ruche peut être d'une seule pièce ou à divisions verticales. La section verticale est munie dans chaque demi-ruche de trois liteaux minces destinés à maintenir l'écartement des côtés et à soutenir les édifices quand on sépare les deux moitiés. Lorsque les deux compartiments sont rapprochés pour former la ruche octogone, les trois liteaux de l'un s'appliquent exactement sur les trois liteaux de l'autre, et alors les deux moitiés forment un tout solide qu'on peut manier aussi aisément que si la section verticale n'existait point.

Pour les essaims artificiels, rien de plus facile avec la ruche à divisions verticales. La moitié du devant de la ruche est laissée à sa place, et l'autre moitié est mise à la place d'une forte colonie.

Sans avoir jamais entendu parler du nourrissement spéculatif, je le pratiquais un peu sur certaines ruches, et je n'ai pas été du tout étonné de le voir conseillé dans la *Revue de la Suisse romande.*

Seulement j'employais un moyen peu commode. Je versais par l'ouverture de dessus deux ou trois cuillerées de sirop de sucre à l'entrée de la nuit, dès que les fleurs devenaient peu abondantes. Je ne le pratiquais pas régulièrement et cependant les effets se faisaient sensiblement remarquer : aussi j'ai déjà disposé un certain nombre de ruches afin de le pratiquer régulièrement et facilement. Pour cela j'ai fait sur la paroi opposée à l'entrée de la ruche une petite ouverture inclinée vers l'intérieur et pouvant recevoir un entonnoir à tige recourbée. Une petite auge préalablement creusée dans le tablier reçoit le sirop. La dose peut être d'environ 50 grammes. Avec un litre de sirop on peut alimenter vingt ruches, si tout est convenablement disposé ; quelques minutes suffisent pour cette opération. Le sirop est plus ou moins dense, selon que le temps est plus ou moins chaud. Il varie de 40 à 60 pour cent.

La durée du nourrissement spéculatif dépend du plus ou moins de fleurs et du temps qu'il fait. Dix à douze jours suffisent ordinairement, mais il doit être prolongé si les provisions manquent ou si le temps devient mauvais.

Chapiteaux. Rayon indicateur. — Je garde précieusement à l'abri de la fausse teigne toutes les bâtisses vides et propres, pour m'en servir selon l'occasion. J'en place toujours dans les nouvelles ruches, je les colle avec de la cire fondue au liteau mis en travers de l'ouverture du haut de la ruche ; de cette manière, j'obtiens toujours des constructions très régulières et dans le sens de l'entrée. Les rayons doivent être placés dans leur sens naturel, c'est-à-dire avec les alvéoles relevées vers le haut, tandis que dans les chapiteaux c'est le contraire qu'il faut faire, et choisir de préférence, si on en a, des rayons avec alvéoles prolongées. Les alvéoles inclinées vers le bas sont impropres à recevoir du couvain, le miel lui-même s'écoulerait. Pour éviter cet inconvénient, les abeilles les prolongent démesurément, et j'obtiens ainsi des rayons de 8 à 9 centimètres d'épaisseur. Un rayon d'une épaisseur double donne plus de miel que deux de même superficie.

Quand un chapiteau est plein avant la fin des fleurs, je ne le récolte pas, mais j'intercale seulement une hausse entre la ruche et le chapiteau, les abeilles se hâtent d'en prolonger les rayons pour les réunir à ceux de la ruche

Dans nos contrées méridionales, le moment favorable pour le placement des chapiteaux sur les ruches dont on désire empêcher l'essaimage doit se faire dans les premiers jours d'avril si la saison est hâtive, c'est aussi alors le moment de faire la superposition des ruches qu'on veut renouveler.

La ruchette pour la récolte du miel est octogone comme la ruche (fig. 26), et donne à l'ensemble un air de kiosque très gracieux. Elle est munie de deux fenêtres d'observation et d'un trou garni intérieurement d'une toile métallique pour aérer pendant les fortes chaleurs le précieux grenier caché sous le dôme.

On ne saurait trop recommander le croisement des races. — Ne ferait-on qu'un échange de colonies avec un ami un peu éloigné, on est largement dédommagé des frais de transport. — Le mieux est pourtant de se procurer des abeilles italiennes. — Les italo-landaises de M. Biron, à Lit (Landes), font des merveilles ici. Les prix sont très modérés. — La récolte de la première année suffit à dédommager du prix d'achat.

Moyen simple et économique de détruire les fourmis. — Remplir un peu plus qu'aux trois quarts des verres à rebords droits d'eau miellée, enfoncer les verres dans le sol de manière que les fourmis puissent entrer de plain-pied dans le verre. Recouvrir avec un pot renversé pour empêcher les abeilles de s'y noyer, mais qui permette aux fourmis de s'y rendre ; quand le verre est plein de fourmis on renouvelle l'opération, et en peu de jours les fourmis ont toutes disparu.

L'abreuvoir des abeilles. — Les abeilles vont souvent se noyer en allant chercher de l'eau. Etablir une auge à quelques pas du rucher, clouer sur un cadre en bois de la grandeur de l'auge un vieux linge, et placer en dessous du linge, dans l'auge, quelques bouteilles vides et bien bouchées. Chaque bouteille forme une petite île sur laquelle les abeilles se reposent et boivent à volonté.

Le prix de la ruche Prunet, ruche octogone, selon ses divers perfectionnements, est indiqué à la fin des notes.

II.

Un ami de M. Prunet et son voisin, apiphile comme lui et très versé dans la botanique, M. Dasque, recteur de Saint-Caprais, qui, cette année, s'est livré tout spécialement à l'étude de la flore des abeilles, veut bien m'écrire qu'il regrette quelques omissions dans le tableau de mes plantes mellifères. — « La différence de notre soleil, de notre climat, de notre terre, de nos plantes, ajoute-t-il avec raison, peut servir d'excuse pour ces lacunes. Ainsi, par exemple, l'amandier, le laurier, le lilas, la julienne, le laurier-tin, le robinier, le pavot, le melon, le cornichon, la citrouille, etc., ne sont point mentionnés comme mellifères, et pourtant ces plantes semblent porter des essaims entiers en certains jours, etc. »

Puis s'élevant à des considérations d'un ordre plus élevé, M. de Saint-Caprais ajoute : « Si l'homme doit être considéré comme la plus belle et la meilleure des créatures d'ici-bas, l'abeille est incontestablement et universellement, de tous les insectes, estimé le plus utile pour nous. Il nous donne de si belles leçons et de si beaux produits, comment ne pas l'aimer et exercer en sa faveur le plus sympathique protectorat? » J'aime à voir l'abeille au blason de l'un de nos plus vaillants évêques : — *Sponte favos, ægrè aculeos;* j'aime à la chanter la veille de Pâques, j'aime à la voir sur les fleurs et j'aimerais aussi à suivre ses travaux dans sa demeure. — Je visite tous les jours mes abeilles; elles me connaissent, et je suis rarement piqué. Combien je jouissais au printemps dernier de les voir courir avec ardeur aux fleurs les plus mellifères. — De deux plantes voisines elles choisiront toujours la meilleure, sans avoir besoin de conseil. Et les plantes les meilleures pour elles sont les mieux organisées, c'est-à-dire les dicotylédones. Parmi celles-ci, l'abeille fréquente les genres les plus parfaits et les plus employés à l'usage de l'homme, tels que les renonculacées, les rosacées, les pomacées, les crucifères, surtout les borraginées, les labiées, les légumineuses, les personnées, etc.... Leur odorat et leur vue exquise les amènent bien vite à la plante mellifère du jour, et le charmant insecte butine, sans perdre ni temps ni courage, avec la plus admirable émulation. »

Après de si belles réflexions, dont je suis heureux de rendre participant le lecteur, notre savant botaniste veut bien nous donner, mois par mois, le calendrier des plantes mellifères du Languedoc, ces plantes, dit-il, vers lesquelles nos diligentes tenancières volent comme le campagnard au marché.

CALENDRIER DE LA FLORE DES ABEILLES

JANVIER	MARS	AVRIL	MAI
Ajonc.	Prunellier.	Prunellier.	Aubépine.
Laurier-tin.	Buisson.	Buisson.	Framboisier.
Buis.	Abricotier.	Romarin.	Seringa.
Petite véronique, etc.	Coudrier.	Ronce.	Ronce.
Miel et sirops.	Ibéride.	Abricotier.	Acacia.
	Saule-marsault.	Cerisier.	Cerisier.
	Charme.	Charme.	Cresson.
	Amandier.	Guignier.	Poirier.
FÉVRIER	Laurier.	Laurier.	Pommier.
	Nerprun.	Nerprun.	Cognassier.
Ajonc.	Orme.	Lilas.	Genêt.
Buis.	Peuplier.	Seringa.	Cytise.
Laurier-tin.	Pêcher.	Pêcher.	Haricot.
Saule-marsault.	Prunier.	Prunier.	Mélilot.
Véronique.	Tremble.	Arrête-bœuf.	Sorbier.
Amandier.	Fève.	Bourrache.	Bourrache.
Tremble.	Cardamine.	Cardamine.	Renoncule.
Impatiente.	Julienne.	Julienne.	Guimauve.
Coudrier.	Couronne d'argent.	Giroflée.	Mauve.
Drave.		Colza.	Borragine.
Muscari.	Giroflée.	Epine-vinette.	Pulmonaire.
Tussilage.	Colza.	Esparcette.	Panicaut.
Couronne d'argent, etc.	Gléchome.	Trèfle incarnat.	Esparcette.
	Trèfle incarnat.	Fève.	Pâquerette.
	Navet.	Lotier.	Lupin.
	Primevère.	Moutarde.	Lotier.
	Radis.	Myagre.	Moutarde.
	Tussilage.	Ravancelle.	Myagre.
	Violier, etc.	Vesce, etc.	Ravancelle
			Vesce, etc.

JUIN	JUILLET	AOUT	SEPTEMBRE
Vigne vierge.	Molène.	Pouillot.	Bruyère.
Framboisier.	Potiron.	Vergerette.	Vergerette.
Sarriette.	Bruyère.	Bruyère.	Aster.
Ronce.	Cotonnier.	Cotonnier.	Crasulacées.
Acacia.	Salicaire.	Lavande.	Renoncule.
Symphoricarpe.	Serpolet.	Serpolet.	Sarrasin.
Marronnier.	Thym.	Thym.	Spiranthe.
Mûrier.	Origan.	Origan.	Millet.
Tilleul.	Mûrier.	Asclépiade.	Orpin.
Robinier.	Eupatoire.	Crasulacées.	Epervière.
Bluet.	Cardère.	Orpin.	Héliotrope.
Coquelicot.	Sédum.	Gomphocarpus.	Géranium.
Cornichon.	Cornichon.	Cornichon.	Mouron.
Melon.	Melon.	Melon.	Galéope.
Courge.	Courge.	Courge.	Raisins, etc.
Bourrache.	Oignon.	Chardon.	
Oranger.	Oranger.	Oranger.	**OCTOBRE**
Guimauve.	Scabieuse.	Scabieuse.	
Josione.	Scrofulaire.	Scrofulaire.	Abutilon.
Menthe.	Menthe.	Menthe.	Lierre.
Navet.	Lupuline.	Maïs.	Crocus.
Luzerne.	Maïs.	Luzerne.	Polygone.
Esparcette.	Luzerne.	Esparcette.	Renouée.
Citrouille.	Esparcette.	Topinambour.	Sarrasin.
Sauge.	Citrouille.	Triganelle.	Raisins.
Trèfle.	Antyllide.	Trèfle, etc.	
Vipérine.	Sauge.		**NOVEMBRE**
Les miellées, etc.	Trèfle.	*Les fruits.*	
			Lierre.
	Les fruits.	Mûres.	Seneçon.
		Framboises.	Chrysanthème.
—	Prunes, pêches,	Prunes, etc.	Mercuriale.
	etc., etc.		
			DÉCEMBRE
	—	—	
			Mercuriale, etc.

NOTE IV.

M. Fierech, pharmacien à Pont-de-Roide. — Cet aimable et
si consommé apiculteur, qui chaque jour fait des expériences
nouvelles, avait bien voulu venir visiter mon apier en 1883.
— Je me suis fait un devoir, à mon tour, de lui rendre sa visite au printemps de 1884, et d'aller m'édifier auprès de son
rucher tenu de main de maître. J'arrive à son jardin si élégant et j'aperçois bientôt sa chaumière apicole.... Je pousse
un cri d'admiration : Mais c'est merveilleux !... J'avance et je

marche de surprise en surprise. A droite et à gauche, faisant cortège au pavillon, quelques maisonnettes aux couleurs variées et pleines d'abeilles sont d'un effet charmant. L'apier aussi est un type d'originalité qui égaie la vue. — Il va nous le décrire lui-même et nous dire, par incident, comment il obtient de faire vider les calottes qui ne sont pas entièrement remplies (sans le secours du mello-extracteur, bien sujet à caution) et de faire remplir les autres, en conservant toujours les bâtisses; — puis ses procédés, soit pour détruire les bourdons, soit pour se défaire promptement des guêpes de toute la région. — Nous laissons la parole à cet apiculteur qui pratique *exclusivement* et si admirablement la ruche à cadres mobiles, qui même n'en a pas d'autres, parce qu'il tire un meilleur parti, lui, pharmacien (chaque rayon de ses calottes pesant environ 500 grammes), de ses couteaux de miel, si blancs et si appétissants. — Mon rucher se compose de neuf caisses en bois, sans fond ni couvercle (fig. 27). Chaque caisse a 60 centimètres de hauteur, 60 centimètres de profondeur et 1^{m}20 de longueur. Ces caisses sont couchées, 3 sur le grand côté, bout à bout, 3 sur le sol, 3 sont superposées à ces 3 premières et 3 à celles-ci. Chaque caisse est pour deux ruches; un couvercle ferme chaque demi-caisse en avant et en arrière.

Cette disposition me permet d'enfermer complètement la ruche pour l'hiver et de la tenir à l'abri de toutes variations atmosphériques en l'entourant soit de mousse, soit de paille, etc....

Ma ruche est en bois; elle est rectangulaire, sans fond ni couvercle. Elle a 30 centimètres de hauteur, 32 de largeur et 56 de longueur (fig. 28); elle cube 56 litres (un litre par centimètre). Les parois antérieures et postérieures sont vitrées. Ces vitres facilitent beaucoup toutes les opérations et permettent de surveiller le travail.

Chaque ruche a quatorze rayons à cadres mobiles. Chaque cadre se compose :

1° D'une planchette ;

2° D'une baguette taillée en biseau ;

3° De deux montants.

I. *La planchette* a 37^{mm}5 de largeur et une longueur suffisante pour appuyer ses extrémités sur les bords de la ruche (d'avant en arrière). L'ensemble des planchettes des quatorze rayons forme le couvercle de la ruche, la couvre entièrement, moins 2 centimètres environ, qui forment une ouverture nécessaire pour glisser une cloison mobile destinée à rétrécir à volonté la ruche. Sur chaque bord de cette planchette existe une échancrure demi-circulaire de 5 centimètres de diamètre, alternant l'une avec l'autre (fig. 29). En rapprochant les planchettes deux à deux, on obtient quatorze trous circulaires de 5 centimètres, servant à nourrir les abeilles, à placer les capotes, etc. (fig. 30 et 31). Ces trous se bouchent avec un tampon de terre glaise.

II. La baguette a 30 centimètres de longueur ; elle est taillée en biseau et se cloue sous la planchette.

III. Les deux montants ont 25 centimètres de longueur, sont moitié moins larges que les planchettes, sont faits avec du bois de 2 à 3 millimètres. Ils se clouent aux extrémités de la baguette taillée en biseau et perpendiculairement à cette baguette et à la planchette.

Les capotes dont je me sers sont également en planches ; elles sont à 6 cadres mobiles ; les dimensions sont : hauteur, 15 centimètres ; largeur, 15 centimètres ; longueur, 26 centimètres. Chaque rayon de miel pèse environ 500 grammes. Je place plusieurs capotes sur la même ruche.

Je récolte ma ruche sitôt le temps du miel passé (juillet). J'appelle l'attention des mobilistes sur ma manière d'opérer.

J'ai pour but :

1° De récolter du miel 1er blanc ;

2° De conserver les bâtisses vides pour la campagne suivante.

Pour récolter du beau miel il faut enlever les capotes sitôt pleines, et même les rayons séparément sitôt pleins ; c'est ce que fait tout apiculteur avec n'importe quel système.

Mais je diffère en ceci, c'est que je fais *transporter en ca-*

pote tout le miel à récolter de la ruche et de toutes les ruches. Voici comment :

Après avoir enlevé les capotes *seulement pour un instant,* d'un léger coup avec la pointe d'un couteau, je détache 7 rayons, soit les 7 de droite, soit les 7 de gauche ; la paroi vitrée permet de voir facilement quels sont les rayons à enlever (on enlève 7 rayons du côté le moins occupé par les abeilles). Je fais aussi remarquer la facilité avec laquelle on détache les rayons.

Le rayon dans son cadre est comme suspendu à la planchette entre les deux montants. Ceux-ci se trouvant à un centimètre de chaque paroi (longueur de la baguette *30, 32* étant la largeur de la ruche) ne sont pas soudés à la ruche ; la planchette seule est soudée par ses extrémités sur les bords des parois de la ruche. — Je détache, dis-je, sept rayons, je les enlève par le haut de la ruche (sans la déplacer), je les dépose dans une ruche vide placée à mes côtés. J'enlève de toutes les ruches sept rayons (pour l'hiver je réduis toutes les ruches à sept rayons seulement), et dans chaque ruche je rapproche la paroi mobile, la cloison mobile contre le huitième rayon ; la ruche est ainsi réduite à sept rayons (vingt-sept litres environ) pour l'hiver. Le vide de la ruche est rempli soit de mousse, soit de paille, excepté une pour le moment ; c'est cette dernière que je vais employer *à vider les rayons, à remplir les capotes.*

La cloison mobile étant appuyée contre le huitième rayon, il existe une petite communication dans la ruche par l'échancrure triangulaire du plateau entre les deux parties de la ruche (la partie occupée par les abeilles et la partie vide) En rétrécissant la sortie des abeilles, le pillage n'est plus à craindre, puisqu'il faut traverser les abeilles pour arriver dans la partie vide de la ruche. Je place le soir dans cette partie vide un rayon de miel DÉSOPERCULÉ (un ou plusieurs). Le lendemain matin, ils sont vides complètement, aucun extracteur ne travaille si bien que l'abeille et avec plus de soin. En quelques jours, tous les rayons enlevés de toutes les ruches sont vidés par la même ruche, si on a eu soin d'agrandir cette ruche au moyen des capotes qui sont enlevées *sitôt pleines* et remplacées par d'autres vides. (*Le miel* est contenu dans une cire *très blanche*.)

Pour activer le travail, les capotes que l'on place doivent être *garnies de bâtisses vides ou de rayons gaufrés*.

Les rayons vidés doivent être numérotés et soigneusement remisés dans un endroit frais et sec. Une cave avec un fort courant d'air est excellente. Le grenier est bon pour l'hiver, mais il faut craindre la teigne en automne et au printemps (le chlorure de chaux, l'acide sulfureux, etc., empêcheront dans ce cas le développement de la teigne).

Il est préférable de donner en automne deux ou trois rayons pleins ou de faire vider (par le moyen indiqué plus loin) un ou deux rayons de miel.

Le nourrissement des abeilles se fait par le haut. Un flacon ordinaire, plein de matière sucrée et bouché avec un morceau de forte toile, est renversé sur un des quatorze trous du couvercle. On choisira un des trous placés sur les rayons occupés par les abeilles.

Avec ce système de ruche on obtient de bons résultats, à la condition de :

Garnir dès le printemps la ruche de quatorze rayons à cellules d'ouvrières. Pour obtenir ce résultat, il faut enlever soigneusement toutes les parties de rayons à cellules mâles, que l'on remplacera par des morceaux de même dimension de rayons à cellules ouvrières ou de rayons gaufrés. Ces morceaux se soudent avec le mélange suivant, employé *tiède* : cire jaune, colophane, térébenthine, une partie de chacune ; faire fondre au bain-marie.

Pour l'hiver, chaque ruche, déjà enfermée dans une des demi-caisses formant le rucher, est entourée entièrement de glumes de blé ou d'avoine *(pousse, paillettes)*, de mousse, etc.... Par ce moyen, la ruche est toujours à une température qui ne descend pas au-dessous de 0°.

Je termine en vous faisant connaître le procédé que j'emploie pour détruire les bourdons dans le cas où l'on a négligé de remplacer au printemps entièrement une ruche de rayons à cellules ouvrières.

Le tablier de ma ruche a, en avant, pour la sortie des abeilles, une échancrure triangulaire de 1 centimètre de profondeur dans la planche, qui a 3 centimètres environ d'épaisseur. Cette échancrure a 40 centimètres pour le grand côté du triangle sur le bord du plateau (fig. 32); l'entaille va en se rétrécissant jusqu'au tiers environ du tablier (en hiver, au moyen d'une planchette, je réduis cette ouverture à quelques centimètres). Cette ouverture, très basse (1 centimètre), a besoin d'être très large, autrement les abeilles seraient gênées par les mâles. Une bande étroite de tôle perforée n° 0, laissant passer seulement les ouvrières, ferme l'ouverture dans les 9/10es; les bourdons ne peuvent passer que par le n° 1 libre. C'est dans cette partie que je place ma bourdonnière, qui se compose :

1° D'une conduite, d'un canal rectangulaire en bois ou en tôle, de 30 centimètres de longueur, assez haut et assez large pour communiquer avec l'intérieur de la ruche par le dixième libre de l'ouverture ;

2° D'une cage en tôle perforée, n° 0, cage ayant 7 à 8 centimètres de côté. Cette cage se place à l'extrémité de la conduite (fig. 33).

Les bourdons, ne pouvant sortir de la ruche que par cette conduite, tombent dans la cage; un système de très fins fils de fer ou de laiton (système de la nasse du pêcheur) s'oppose à leur retour dans la ruche. Le soir, on enlève la cage pour tuer les captifs.

Cette bourdonnière s'oppose à l'essaimage ; si, malgré cela, la reine tentait de sortir, elle tomberait dans la cage et l'essaim se formerait à l'extrémité de la bourdonnière.

A cette saison, cette année surtout, certaines ruches souffrent beaucoup des *guêpes*. Le moyen suivant, très simple, débarrasse le rucher de ces ennemis. Quelques flacons de 1 à 2 décilitres, à moitié remplis d'eau sucrée avec de la mélasse, sont placés devant et autour du rucher ; en deux ou trois jours au plus les flacons sont remplis de guêpes (il faut prendre des flacons à large ouverture). Toutes les treilles, les arbres fruitiers, sont débarrassés des guêpes par le même procédé. Dans ce cas, il faut suspendre les flacons après les branches des arbres ou de la treille. Les guêpes ont mêmes mœurs que les abeilles; une première guêpe a-t-elle trouvé une matière sucrée, de suite toutes les guêpes du nid arrivent. Prenez dans votre piège les premières venues et vous serez complètement débarrassé de ces insectes destructeurs. Le procédé est simple, mais il est sûr. Aucune abeille ne se prend, *même devant le rucher.*

NOTE V.

LE RUCHER DU SÉMINAIRE DE VESOUL.

Comment, en faisant l'énumération de quelques-uns de nos grands ruchers, avions-nous pu passer sous silence, dans deux de nos précédentes éditions, le magnifique apier du séminaire de Vesoul ?... M. l'abbé Signe, qui y a l'œil, a résolu avec son magnifique abeiller un difficile problème, à savoir, une réunion de quatre-vingts peuplades de mouches à miel, dans une grande ville, une ville à peu près de tous côtés environnée de vignes (on sait que la vigne ne donne presque pas de pâture aux abeilles). D'un seul côté, une prairie, vaste, il est vrai.... très vaste, et riche par sa flore variée ; mais nulle part ni bois, ni colzas, ni sainfoins. Et, au milieu de ces maisons, de ces édifices, le rucher du séminaire prospère et donne des ruisseaux de miel. — La belle prairie de Frotey suffit seule aux récoltes de ces millions de mouches bénies.... Mais à peine l'impitoyable faux a-t-elle abattu les fleurs qui émaillaient la prairie, providence visible des abeilles, que la vie cesse dans l'abeiller. — Nos pauvres ouvrières se voient condamnées à un repos forcé, plus lourd pour elles que les travaux forcés des galériens. Pourtant, leurs magasins sont pleins, mais nos infatigables *tenancières* gémissent de ne pouvoir en remplir d'autres pour leurs patrons.

Quel est donc le secret de la méthode de M. l'abbé Signe? Question que je me suis souvent adressée. — Est-il dans le choix de ruches compliquées? Non, il n'a d'autres paniers que la ruche à calotte, plus ou moins vaste, et la ruche commune à grandes dimensions, jaugeant de 35 à 45 litres et un peu bombée dans le haut. — Recueillir les essaims, réunir en un seul ceux qui arrivent le même jour, mettre en son temps des calottes aux ruches qui ont une ouverture dans le haut; prendre quelque peu de miel en été, parce qu'il est meilleur que celui récolté à la fin de l'hiver ; achever la récolte en mars, et n'enlever que les rayons moisis ou trop noirs... , c'est à peu près toute la méthode de M. Signe, méthode des plus simples et presque primitive. — Peu de travail et de temps, par la raison que le *temps est de l'argent,* selon le proverbe anglais : *time is money.*

Mais quelles attentions délicates et intelligentes pour venir en aide aux abeilles, écarter les araignées, tenir propres les abords de l'apier, rétrécir ou élargir les portes selon la température et les saisons, se rendre compte du poids des ruches, fournir en son temps le supplément de viatique aux colonies populeuses dont les magasins sont vides, etc., etc.... [1].

Du reste, qui n'admirerait le choix de la position du rucher, *au coup des dix heures et demie;* position élevée, mais abritée par les grands arbres de la place de récréation, qui le protègent des vents du nord; en face de la prairie de Frotey, lieu de délices des abeilles, où elles s'abreuvent du nectar dont elles remplissent leurs celliers. — Qui ne s'extasierait à la vue de la belle symétrie du rucher? Comme tout est bien rangé! Boileau, ici, sans ironie et avec justice, aurait dit avec plus

---

[1] M. Signe est l'inventeur d'un tablier à glissoir sous lequel est pratiqué un trou où arrive le viatique déposé dans une auge quelconque.

d'à-propos que dans son *Lutrin* : « qu'à ce bel ordre on reconnaît l'Eglise. »

Mais pénétrez dans l'intérieur de cet apier, je dirais mieux de ce long et étroit salon, assez semblable à une galerie de catacombes,— voyez comme tous les instruments apicoles sont bien à leur place et à la main de l'opérateur…. Voici la ruche d'observation : en ouvrant le petit guichet, l'œil du curieux suit tous les travaux de l'intérieur : laboratoire, élevage de la jeune génération, etc. Ici, sur cette petite table, est le registre des actes de naissance et la date d'origine de chaque peuplade. Ici encore les livres d'apiculture. — C'est ici que nos philosophes en herbe viennent étudier une des pages les plus admirables de l'histoire de la nature.

Du rucher, ils passent à ces milliers d'arbres fruitiers aux formes élégantes et variées qui font du verger de cet établissement un des plus beaux parcs de pomologie qu'on puisse rencontrer. — Tenir tous ces beaux arbres, aider à leur agencement, est pour un grand nombre la plus douce des récréations. Ainsi, en étudiant la science de la sagesse (philosophie), ils contractent le goût de ce qu'il y a de plus haut et de plus exquis dans l'agriculture, je veux dire l'apiculture et l'arboriculture.

Plus tard, nos jeunes élèves du sanctuaire, devenus recteurs de paroisses rurales, chériront davantage les villageois leurs paroissiens, et leur feront aimer ces travaux champêtres dont ils pourront au besoin leur donner des leçons.

A propos des arbres fruitiers de Vesoul, je m'aperçois que j'ai été trop exclusif en disant que les abeilles dans cette cité n'avaient d'autres récoltes que celles de la prairie. — J'oubliais les arbres fruitiers, si nombreux et si beaux dans tous les établissements et grandes maisons de la ville.

Oui, oui, Vesoul est par excellence la cité aux beaux arbres fruitiers. Ses préfets ont eu à cœur d'encourager l'arboriculture en en faisant donner des leçons publiques très suivies. J'ai compté jusqu'à deux cents auditeurs, parmi lesquels figuraient en tête les premiers magistrats du département. —Ces leçons n'ont pas été données en vain..... Partout on a défoncé la terre, planté et encore planté les mille variétés des meilleurs fruits. — Qui n'a admiré les magnifiques plantations du jardin de la Société d'agriculture, du séminaire, de l'hospice Bourdault, des hôtels Courcelle, Galmiche, de l'école normale, de l'hôpital, du jardin Lahérard, de tout Vesoul, en un mot, car il faudrait tout citer. — Oui, que Vesoul est beau au printemps et en automne, lorsque ses arbres étalent leurs flocons de neige de fleurs, ou leurs fruits dorés aux mille variétés !

Ajoutons que les habitants de Vesoul se ressentent de tous ces progrès agricoles par un bien-être visible. Le peuple y est laborieux et bon. Le sol s'améliore ; des maisons commodes avec cour et verger se construisent tous les jours. (*On sait que quand le bâtiment va, tout va.*) Des rues nouvelles s'ouvrent au milieu de la campagne, étonnée de sa transformation en cité. — Bien plus, les villages environnants, si riches, Echenoz, Navenne, Frotey, Noidans, se ressentent de tout ce bien-être matériel et moral ; ils ne sont pas tapageurs comme d'autres bourgades qui avoisinent les villes. Leurs laboureurs, religieux, bien rangés, sont animés d'un bon esprit, point du tout communard, mais préfèrent les douces joies de la famille aux plaisirs tumultueux des maisons d'intempérance. Aussi les émigrations, cette peste des campagnes, sont-elles moins fréquentes ici que dans d'autres contrées. — Je dirais volontiers que c'est pour ces bonnes populations que le psalmiste a dit : « Heureux ceux qui craignent le Seigneur, qui marchent dans ses voies, ils mangeront du fruit de leurs mains, et tout leur réussira [1]. »

Nous comptons donc à juste titre Vesoul et ses environs parmi les ruraux. *O agricolas* (n'en déplaise à nos tapageurs des villes et villages), *fortunatos nimiùm,* car j'aime à le ré-

---

[1] « Beati omnes qui timent Dominum et ambulant in viis ejus. Labores manuum tuarum quia manducabis ; beatus es et benè tibi erit. » (*Ps.* cxxvii.)

péter avec le vieux poète latin, pour le bien inculquer dans la mémoire de nos jeunes générations : trop heureux mille fois, pourvu qu'ils continuent à aimer toujours le toit natal, le clocher qui le protège, le sol paternel et les traditions des ancêtres.

NOTE VI.

RÉSUMÉ DE MON CALENDRIER APICOLE DE 1884.

L'apiculture étant surtout une science d'observation , je conseille à chaque apiculteur de faire son journal et de prendre ses notes semaine par semaine. — Je donne ici le résumé des miennes pour l'été de 1884.

Je m'étais contenté de conserver seulement douze colonies d'abeilles jaunes ou métisses au printemps de 1884.

De ces douze *peuplades,* neuf ont donné des essaims primaires, cinq venus dans le courant de mai, et quatre les premiers jours de juin. Les plus tardifs, malgré le temps relativement froid et presque constamment couvert de ces trois derniers jours, sont arrivés les 7, 8 et 9 juin.

Aussitôt après l'essaimage de chaque ruchée, j'ai mis des calottes pour empêcher les essaims secondaires, qui pourtant sont venus dans trois ruches. — L'essaim du 16 mai en a donné un à son tour le 10 juin, que j'ai mis à la place de la mère ruche, et celle-ci à un endroit quelconque, pour la dépouiller au bout de vingt jours ; ce que je n'ai pas fait, car les deux colonies étaient l'une et l'autre très lourdes et bien peuplées.

Au 1er juillet, je visitais mon rucher, où je recueillais six calottes d'un excellent miel. Je remarquais avec une douce surprise que mes deux premiers essaims, venus le 16 et le 27 mai, étaient lourds comme les ruches mères, et avaient déjà rempli, en partie, les calottes dont je les avais couronnés, etc. — En somme, année bonne, très bonne ; peuplades doublées ; ruches lourdes ; provisions assurées à nos laborieuses

tenancières, qui donneront de beaux bénéfices à leur patron.
— Donc, toujours et toujours *Deo gratias*.

On ne saurait trop recommander l'ordre et la méthode qui consiste à se rendre compte de tout dans la direction d'un apier. — Là est la garantie assurée du succès — M. Paillotte, apiculteur à Lambrey, canton de Combeaufontaine, excelle dans l'art des petits soins et de tout noter : aussi avons-nous du plaisir à le citer comme modèle à imiter.... Kilos de chaque colonie, — son âge, — âge des reines, — jour de l'arrivée de l'essaim, — permutation, — superposition, — réunion des colonies, — poids des chapiteaux, — poids de chaque peuplade au mois d'octobre, etc., etc., tout est noté dans son journal ; disons que les résultats sont à l'avenant, c'est-à-dire très rémunérateurs. Trente colonies environ, en 1884, ont donné 484 kilos de miel en ruche, et 86 kilos en calotte ... N'y a-t-il pas là un bel encouragement à soigner ses abeilles en bon père de famille ?

NOTE VII.

Outillage et matériel apicole. — En vue d'être utile à nos lecteurs, nous donnons ici quelques renseignements sur le matériel apicole nécessaire pour une bonne exploitation. Nous indiquons les maisons où l'on trouve les instruments et à quel taux on peut se les procurer. — On comprend que le prix peut changer de jour en jour. Cette indication est seulement pour mettre sur la voie et établir des comparaisons.

Nous nous adressons d'abord aux mobilistes et à ceux qui veulent essayer de ce système d'apiculture. — Avec la ruche à rayons mobiles, deux choses sont nécessaires :

1º Les rayons gaufrés, ou cire gaufrée, appelée aussi fondation en Amérique, qu'on introduit dans les cadres pour une plus grande abondance de miel, au détriment de la cire, et qui obvient aux nombreux inconvénients des abeilles abandonnées à elles-mêmes dans les cadres mobiles;

2° Le mello-extracteur, ou extracteur du miel à force centrifuge, que les blanchisseurs appellent *essoreur*. La machine se compose d'un récipient dans lequel tourne verticalement, avec une grande vitesse, un cylindre garni d'une enveloppe à sa circonférence. Dans le cylindre se placent les tissus humides dont on veut extraire l'eau. — L'instrument a été appliqué dernièrement à l'extraction du miel. — L'invention a fait fureur un moment.... Rayons vidés et rendus aux abeilles, abondance de miel pour le mobilisme..., que reste-il à désirer?... Aujourd'hui on est plus calme. La machine rarement fonctionne bien ; puis il faut enlever avec un couteau chacun des opercules ; et encore certains miels trop épais résistent à l'action de l'extracteur ; ce qui prouve que le soleil est encore préférable à cet instrument.

Quoi qu'il en soit, rayons mobiles, extracteur, cire gaufrée, voilà trois inventions qui se donnent la main pour augmenter les récoltes du mobilisme et le mettre en honneur.

On trouve chez :

A. *Fournier*, apiculteur, à Angerville (Seine-et-Oise), et rue Vendamme, 27 (Paris-Plaisance) : rayons gaufrés, depuis 4 fr. 50 le kilo; extracteurs à miel, six modèles, de 20 à 100 fr. ; enfumoirs américains, solides et légers, trois modèles soignés, 4, 5 et 6 fr. — franco en gare.

Couteaux à désoperculer, camail anglais, gants, étuis à mères, nourrisseurs, etc.

M. Biron, à Lit (Landes) : abeilles jaunes, instruments, etc.

Ag. Hernoud, apiculteur à Jort (Calvados) : feuilles gaufrées, ou fondation à cellules profondes.

J. Castella, à Sommentier, canton de Fribourg (Suisse) : rayons artificiels, 5 fr.; feuilles minces pour miel en rayons, 6 fr. 50; fil de fer galvanisé recuit pour tendre les cadres, 3 fr. 40 le kilo.

Fusay, à Bessinges (Genève), ruches à rayons mobiles, instruments et objets apicoles. — Abeilles italiennes.

Siebenthal, apiculteur, à Fonteney-sur-Aigle (Suisse) :

ruches Layens à vingt cadres avec accessoires, 20 fr. 50 ; demi-Layens, 10 fr. ; ruche Dadant, onze cadres, avec hausses et accessoires, 19 fr. — Ces ruches ont le toit couvert de toile peinte, au lieu de carton. — Enfumoirs, couteaux et brosses, extracteurs à cire et à miel, etc.

J. Pometta, à Gudo, canton du Tessin (Suisse) : feuilles gaufrées de toutes grandeurs, 5 fr. le kilo (la cire pure et fondue est reprise en paiement à 3 fr. 50). J. Pometta livre aussi des essaims et mères jaunes.

On le voit, ces feuilles gaufrées, du prix de 5 à 6 fr. le kilo, petites, minces, ou à parois épaisses et plus profondes, se trouvent partout dans le commerce apicole.

Observons aussi que les fournisseurs de cire gaufrée indiquent, avec l'envoi, la manière de la poser et de s'en servir.

Nous passons maintenant aux amateurs de l'abeille transalpine et des plages orientales. — On trouve partout à se procurer, soit d'Italie, soit de la Suisse italienne, soit même de France, cette belle mouche à miel, quoique nous ne répondions pas de la pureté de race de cette dernière contrée. Outre les indications déjà données, voici encore d'autres établissements.

C. Bianconcini et Cie, à Bologne (Italie) : mère fécondée, de 4 à 7 fr. ; essaim de 1 kilogr., de 10 à 20 fr., selon saison.

E. Ruffi, à Osogna, près Bellinzona.

Louis Sartori, à Milan (Italie), gants de toile gommée, 2 fr. ; enfumoir dit américain-italien, 3 fr. 50 ; extracteur perfectionné à trois rayons, 24 fr.

La plupart des instruments apicoles se trouvent chez les négociants dont nous avons donné l'adresse. On trouve *aussi au bureau de l'Apiculteur,* rue Monge, 67, à Paris, outre les instruments déjà indiqués à la page 257 : enfumoir américain, 5 fr. ; gants en peau tannée, 2 fr. 50 ; acide salicylique, la boîte de 50 grammes, par la poste, 2 fr. 50, etc., etc.

M. Prunet, curé à Saint-Rustice, par Castelnau-d'Estretefonds (Haute-Garonne) :

Ruches Prunet octogones, en bois de peuplier, le moins bon conducteur du froid et du chaud, — épaisseur de 3 centimètres ; hauteur, 25 dans œuvre ; largeur, 40. Ruche octogone non vitrée, 4 fr., — avec deux panneaux vitrés, 4 fr. 50, — avec quatre panneaux vitrés, 5 fr.

Ruche octogone se divisant verticalement, et à quatre vitres avec volets, 6 fr.

Chapiteaux octogones à deux vitres et bouche à air garnie de toile métallique, contenance neuf litres, 1 fr. 25.

Prix de faveur (quelquefois accordé) pour la ruche octogone, avec vitres et volets : 3 fr., sans rien prendre pour la main-d'œuvre, lorsque ces belles ruches sont faites par M. l'abbé Prunet, si habile *in omni opere quod fabrifieri potest.*

Pour les ruches en paille de divers systèmes (matière préférable à toute autre), on trouve des fabricants partout ; seulement il est nécessaire de bien désigner la forme et les dimensions qu'on désire, soit en largeur, soit en hauteur, ainsi que le diamètre de l'ouverture supérieure.—Ces ruches, avec leur calotte ou chapiteau, peuvent coûter de 3 à 4 fr.

On comprend qu'il est très utile d'être muni d'un bon outillage et bien à la portée de l'opérateur. — Ces petites précautions simplifient singulièrement le travail et sont d'un grand profit pour l'exploitation.

TABLE

———

TROISIÈME PARTIE.

Mélanges apicoles.

NOTES.

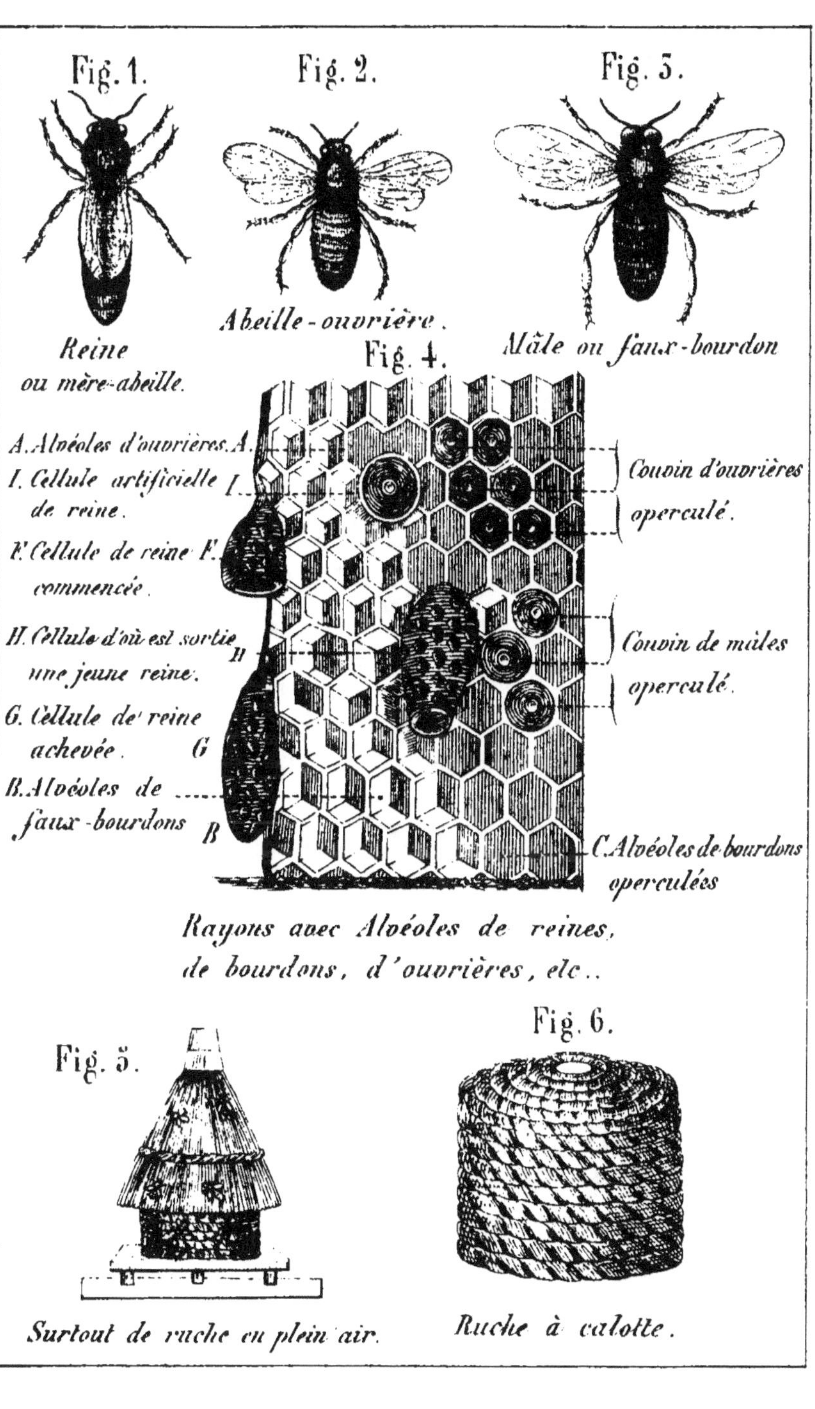

Rayons avec Alvéoles de reines,
de bourdons, d'ouvrières, etc..

Surtout de ruche en plein air.   Ruche à calotte.

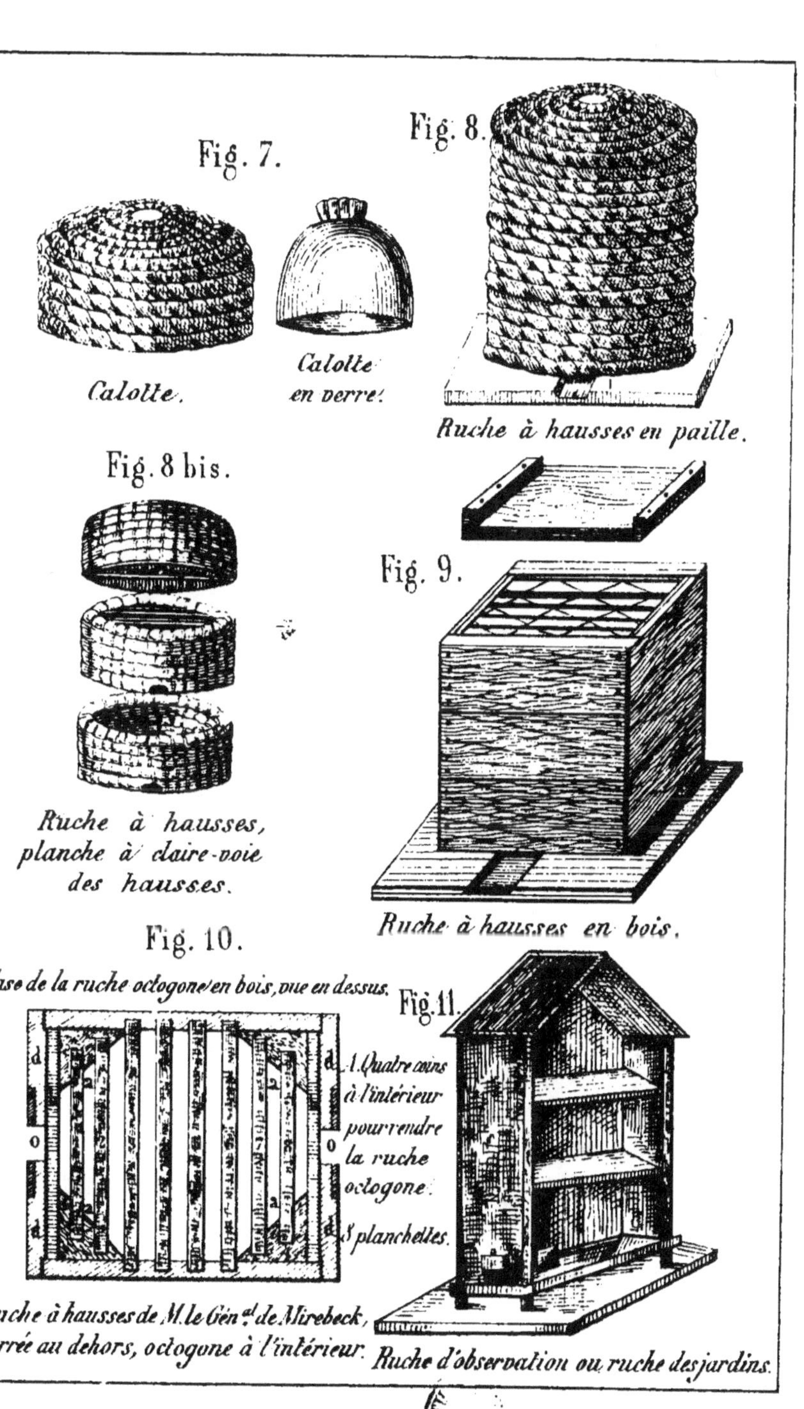

Fig. 7.
Calotte.
Calotte en verre.
Fig. 8.
Ruche à hausses en paille.
Fig. 8 bis.
Ruche à hausses, planche à claire-voie des hausses.
Fig. 9.
Ruche à hausses en bois.
Fig. 10.
Case de la ruche octogone en bois, vue en dessus.
Fig. 11.
4 Quatre coins à l'intérieur pour rendre la ruche octogone.
8 planchettes.
Ruche à hausses de M. le Gén.ᵈᵉ de Mirebeck, carrée au dehors, octogone à l'intérieur.
Ruche d'observation ou ruche des jardins.

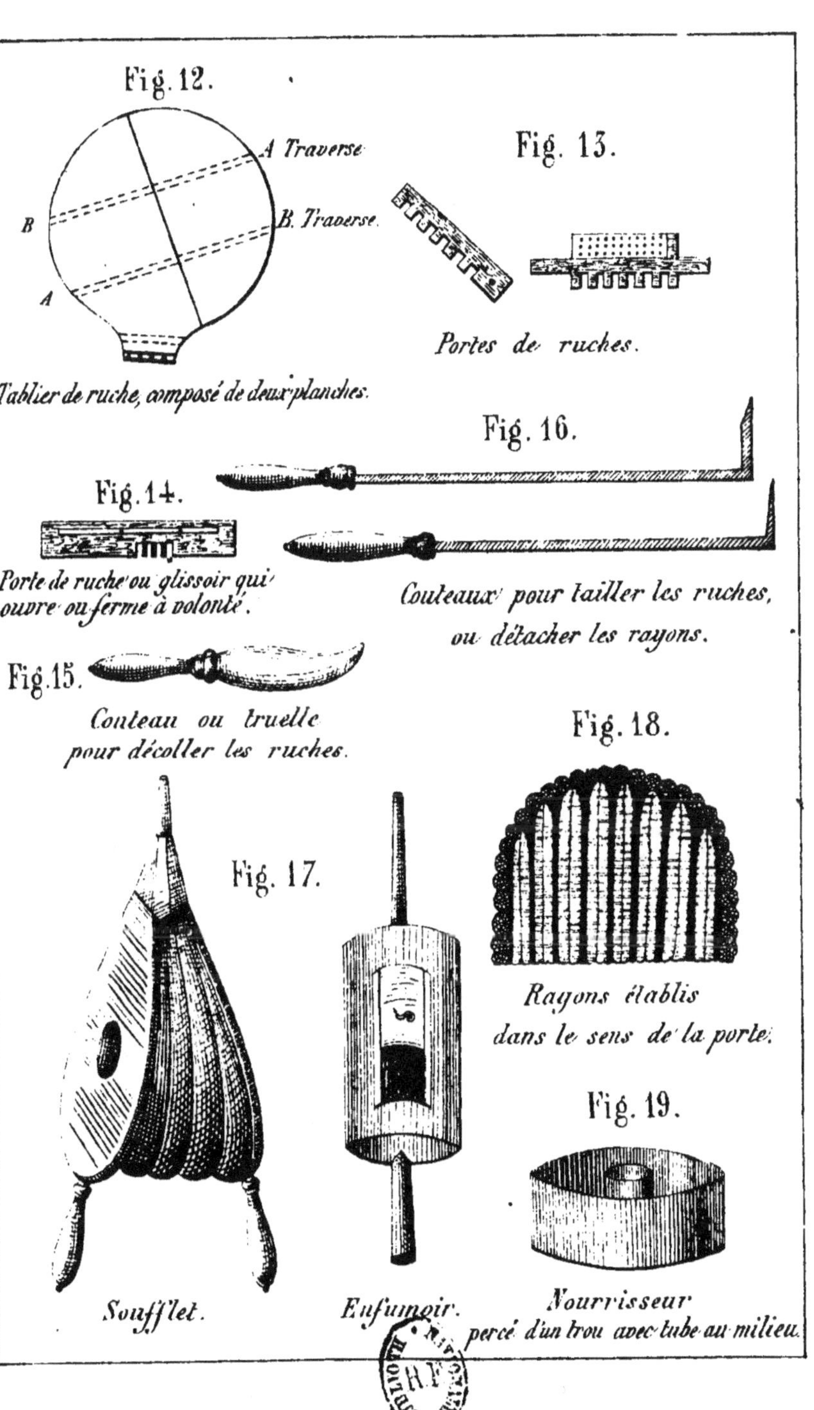

Fig. 12.
A Traverse
B. Traverse.
B
A
Fig. 13.
Portes de ruches.
Tablier de ruche, composé de deux planches.
Fig. 16.
Fig. 14.
Porte de ruche ou glissoir qui
ouvre ou ferme à volonté.
Couteaux pour tailler les ruches,
ou détacher les rayons.
Fig. 15.
Conteau ou truelle
pour décoller les ruches.
Fig. 18.
Fig. 17.
Rayons établis
dans le sens de la porte.
Fig. 19.
Soufflet.
Enfumoir.
Nourrisseur
percé d'un trou avec tube au milieu.

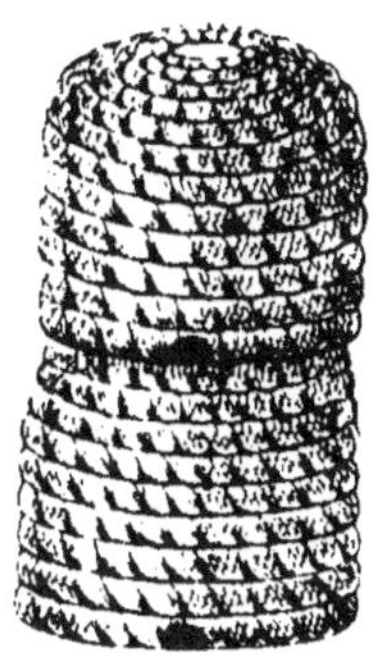

Fig. 20.

Ruches superposées.

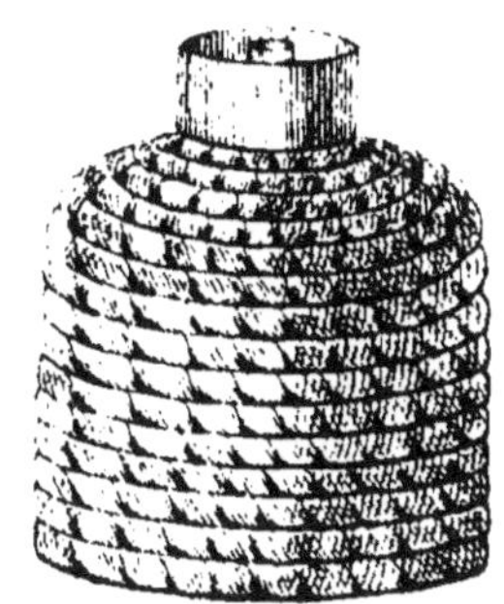

Fig. 21.

Nourrisseur posé sur la ruche.

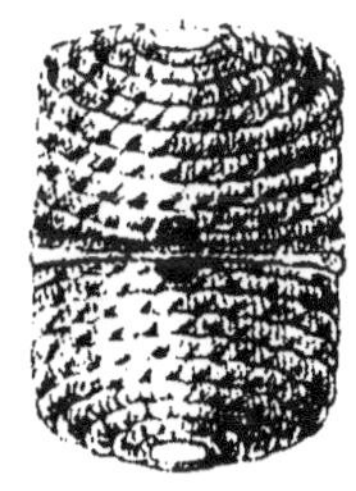

Fig. 22.

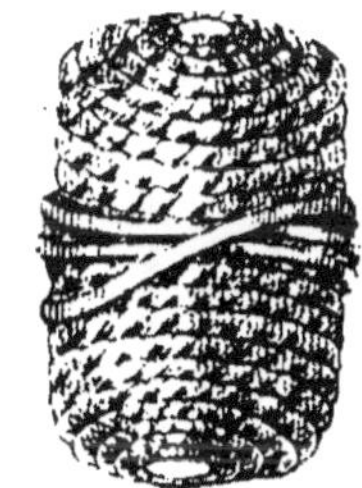

Ruches renversées pour faire les essaims artificiels.

Fig. 23.

Main en fil de fer, de grandeur naturelle, pour fixer les hausses, les unes aux autres.

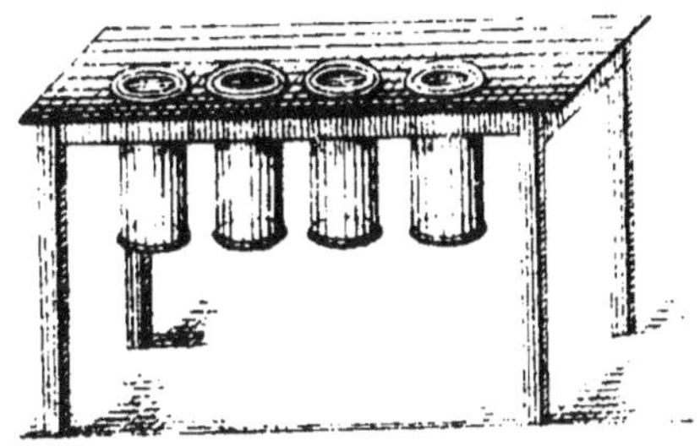

Fig. 24
CANTINE.

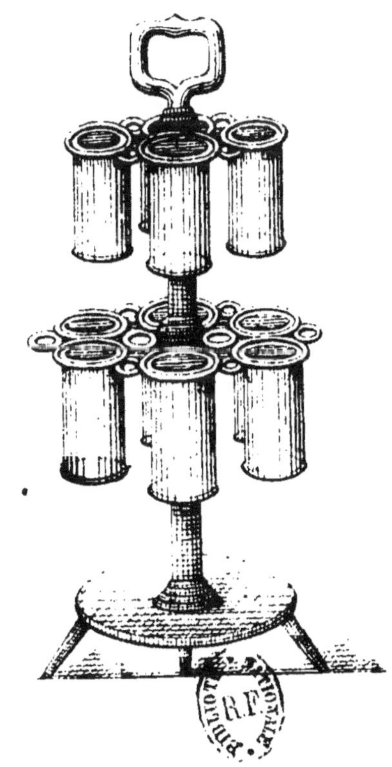

Fig. 25
CANTINE PORTATIVE.

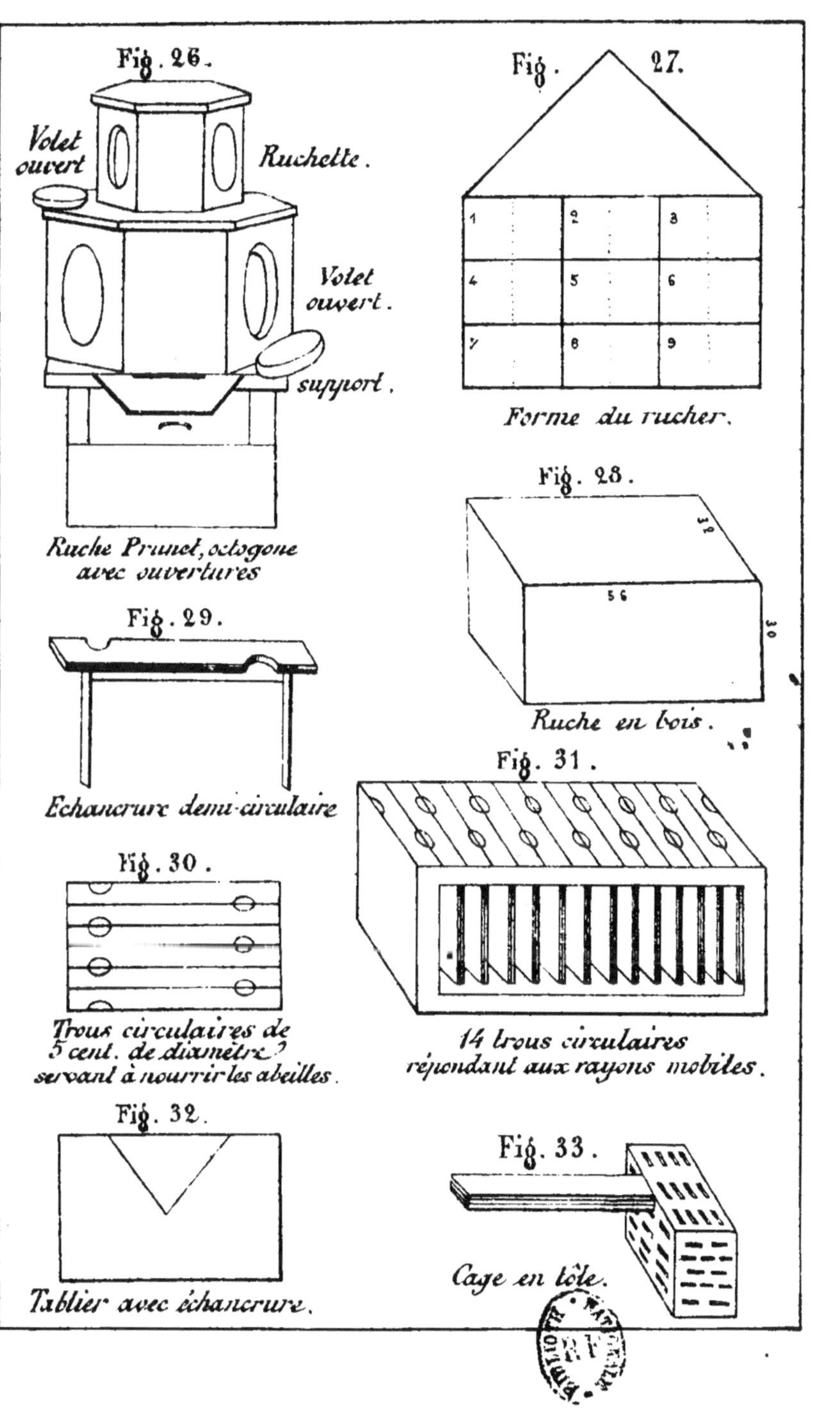

Fig. 26.
Volet ouvert
Ruchette.
Volet ouvert.
support.
Ruche Prunet, octogone avec ouvertures
Fig. 27.
1 2 3
4 5 6
7 8 9
Forme du rucher.
Fig. 28.
32
56
30
Ruche en bois.
Fig. 29.
Echancrure demi-circulaire
Fig. 30.
Trous circulaires de 5 cent. de diamètre servant à nourrir les abeilles.
Fig. 31.
14 trous circulaires répondant aux rayons mobiles.
Fig. 32.
Tablier avec échancrure.
Fig. 33.
Cage en tôle.

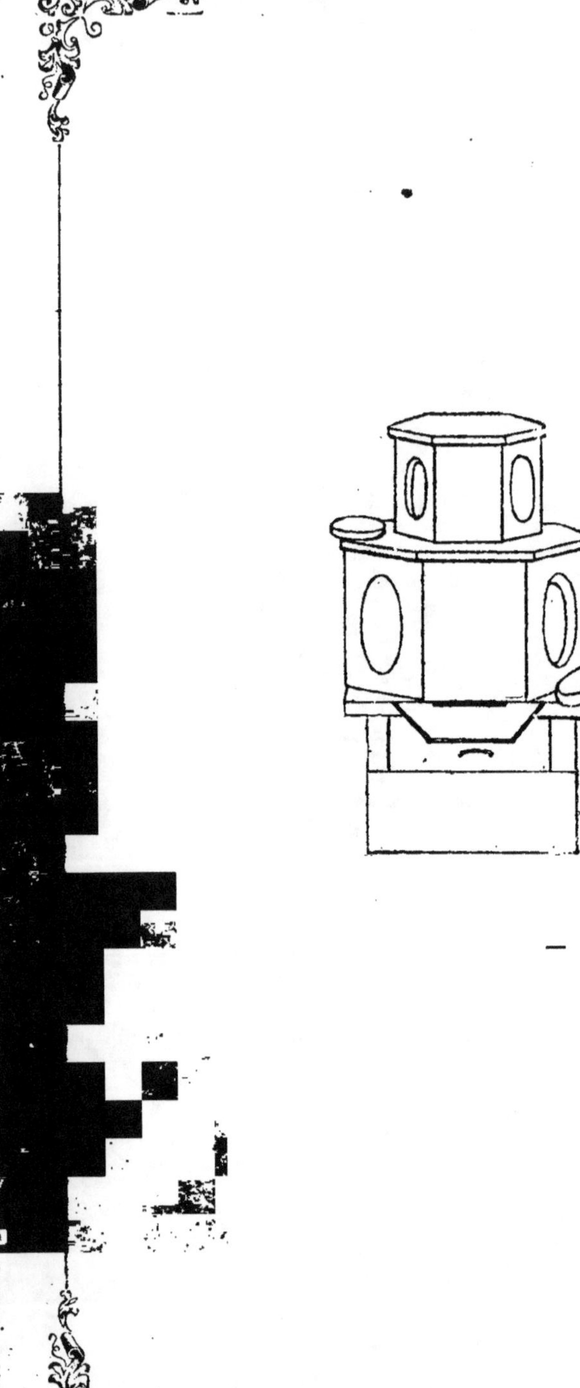

BESANÇON, IMPRIMERIE DE PAUL JACQUIN